中等职业学校公共素质课系列规划教材

新编计算机应用基础

匡致远　主编

张文英　刘海涛　副主编

向时雨　参编

科学出版社

北　京

内 容 简 介

　　本书依据教育部颁发的《中等职业学校计算机应用基础教学大纲》编写，旨在培养学生掌握计算机应用的基础能力。本书主要内容包括组装台式计算机、文字录入训练、制作宣传手册、制作统计报表、制作演示文稿、处理数码相片、制作微视频、组建小型办公室或家庭网络和构建个人网络空间，共 9 个项目。

　　"项目为载体、任务引领、工学一体化"是本书编写的基本特色，本书着眼于能力培养，提高课堂教学效率。大多数项目是以学习或应用一种常用软件为主，如项目三、项目四、项目五是以 Office 为主要应用软件，项目六是以 ACDSee、美图秀秀为主要应用软件等。

　　本书可作为中等职业教育、职业培训、非计算机专业人员的参考用书。

图书在版编目（CIP）数据

新编计算机应用基础 / 匡致远主编 . —北京：科学出版社，2016
（中等职业学校公共素质课系列规划教材）

ISBN 978-7-03-048260-0

Ⅰ．①新…　Ⅱ．①匡…　Ⅲ．①电子计算机−中等专业学校−教材
Ⅳ．① TP3

中国版本图书馆 CIP 数据核字（2016）第 099913 号

责任编辑：蔡家伦　谢晓绚 / 责任校对：陶丽荣
责任印制：吕春珉 / 封面设计：艺和天下

科 学 出 版 社出版
北京东黄城根北街 16 号
邮政编码：100717
http://www.sciencep.com

铭浩彩色印装有限公司印刷
科学出版社发行　　各地新华书店经销

2016 年 5 月第 一 版　　开本：787×1092 1/16
2016 年 5 月第一次印刷　　印张：12 1/4
字数：277 000
定价：30.00 元
（如有印装质量问题，我社负责调换〈骏杰〉）
销售部电话 010-62136230　编辑部电话 010-62135120-2039

前　言

　　本书的编写符合教育部有关中等职业学校专业教学标准的基本要求，旨在使学生熟练掌握信息技术，熟练运用职业素养、专业知识和技能，重在教学方法、教学组织形式的改革，教学手段、教学模式的创新，调动学生学习积极性，为学生综合素质的提高、职业能力的培养和可持续发展奠定基础。

　　本书以计算机的实际工作任务为线索，经分析、归纳、提炼，精心设计了一组涉及面广、实用性强的工作任务，按照学生的认知规律将计算机应用知识融入典型的工作任务中，通过任务导入—任务实施—任务拓展三个环节，力求达到"以就业为导向、以能力为本位、提高操作技能"的教学目标。在编写本书中力图体现以下特色：

　　（1）本书列举了 65 个碎片化的知识点和技能点，通过 5 ～ 10 分钟的学习即可掌握，符合当今学生的认知习惯，提高课堂教学的效率。

　　（2）关注学生学习的兴趣爱好，在内容编排上构造贴近工作实际的学习情境，教学内容都是与工作有直接关联的"热点"问题。

　　（3）采用最新版本的应用软件，与实际使用无缝对接，此外，对当今较流行的微课视频制作软件 Camtasia Studio 等也做了较详细介绍。

　　（4）在呈现方式上尽可能减少文字叙述，采用屏幕截图，以增强其现场感和真实感。通过"任务拓展"方式，对所学的内容做进一步的延伸。各项目教学学时安排建议见下表：

序号	课程内容	教学学时	
		讲授与上机	说明
项目一	组装台式计算机	8	建议在多媒体教室或机房组织教学，学用结合、讲练结合
项目二	文字录入训练	8	
项目三	制作宣传手册	10	
项目四	制作统计报表	10	
项目五	制作演示文稿	10	
项目六	处理数码相片	8	

续表

序号	课程内容	教学学时	
		讲授与上机	说明
项目七	制作微视频	6	建议在多媒体教室或机房组织教学，学用结合、讲练结合
项目八	组建小型办公室或家庭网络	6	
项目九	构建个人网络空间	6	
合计		72	

　　本书由匡致远担任主编并负责全书最终统稿，张文英、刘海涛任副主编，向时雨参编。编写过程中还参考借鉴了倪彤编写的《用微课学：计算机应用基础》一书，在此表示感谢。

　　由于时间仓促，书中难免有不妥和疏漏之处，恳请广大读者批评，指正。

编　者

2015 年 10 月

目　录

项目一

组装台式计算机

任务一 认识硬件系统（一）

一、任务导入

信息时代离不开计算机，使用计算机时要了解计算机的相关硬件组成，这样在使用时出现问题才能知道如何去解决，下面让我们通过本任务来认识一下计算机的各个部分。

二、任务实施

操作步骤见表 1-1。

表 1-1 操作步骤

步骤	说明或截图
认识计算机三大组成部分，即主机、显示器、键盘和鼠标。 主机：内含处理器、存储器等主要部件。 显示器：显示计算机主机处理的结果。 键盘和鼠标：计算机输入设备及定位	显示器　　主机　　键盘和鼠标
认识主机内部硬件组成——主板：主机内部最大的线路板，也称母板、系统板，其他功能部件均安插在主板上。 主板上与外部的各种接口分别用来连接键盘、鼠标、音箱、话筒及 USB 设备等	
认识主机内部硬件组成——CPU 及其散热风扇：CPU 是计算机内部运算及控制中心，工作时产生的热量需要及时散去，因此，在 CPU 的上方都安装有不同功率的散热风扇	

续表

步骤	说明或截图
认识主机内部硬件组成——内存条：用来存放计算机正在处理的程序和数据。 特点：一旦断电，内存中的信息将全部丢失	
认识主机内部硬件组成——显卡：显示接口卡，简称显卡，其作用是将 CPU 处理的数据进行转换，从而通过显示器来显示。 显卡根据结构不同分为核芯显卡、集成显卡和独立显卡三种类型	
认识主机内部硬件组成——硬盘：保存计算机处理的数据结果，即使断电，信息也可以长期保存	
认识主机内部硬件组成——光驱：用于读写光盘信息，其中写光盘需要读写光驱，且光盘为可写光盘	

三、任务拓展

在熟悉以上计算机硬件的基础上，进一步了解计算机主机上的功能接口，如网络接口、音频输出／输入接口等，如图 1-1 所示。

图 1-1　主机外部接口

学习任务单

一、学习方法建议	
预操作练习→听课（老师讲解、示范、拓展）→再操作练习→完成学习任务单	
二、学习任务	
对照图形或实物：	
1. 认识计算机三大组成部分	☐
2. 认识主板	☐
3. 认识 CPU 和散热风扇	☐
4. 认识内存条	☐
5. 认识显卡	☐
6. 认识硬盘	☐
7. 认识光驱	☐
三、困惑与建议	

任务二　认识硬件系统（二）

一、任务导入

本任务中，我们将在认识计算机硬件组成的基础上，对照实物，了解如何组装计算机硬件，从而使计算机的各个部件都能正常使用。

二、任务实施

操作步骤见表 1-2。

表 1-2　操作步骤

步骤	说明或截图
在主板上安装 CPU：掀开 CPU 控制框，将 CPU 小心插入槽中（注意 CPU 的方位），按下 CPU 控制柄	![安装CPU图片]

续表

步骤	说明或截图
安装 CPU 散热风扇：将散热风扇固定在 CPU 正上方，按下控制杆（有的是拧紧四周螺钉）	
安装内存条：将主板上内存插槽两端的控制柄掀开，将内存条插入内存槽中，注意不要插反。之后，使用螺钉将主板固定在机箱内部	
安装显卡（独立显卡）：将显卡插入主板相应插槽中，并使用螺钉将前端固定	
安装硬盘及光驱：将硬盘插入机箱的空槽处，并拧紧螺钉	
连接电源、数据线：将主机电源插头插入主板电源接口，将硬盘及光驱的数据线连接至主板，并将电源连接至硬盘及光驱	

注：不同的硬件，图形显示可能不同，安装顺序及要求相同。

三、任务拓展

在安装完主机部分并顺利连接电源后，我们可尝试将键盘、鼠标、显示器等外部设备连接到主机上，接口如图 1-2 所示。

图 1-2　主机外部设备接口

一、学习方法建议	
预安装练习→听课（老师讲解、示范、拓展）→再操作练习→完成学习任务单	
二、学习任务	
1. 安装 CPU	☐
2. 安装 CPU 散热风扇	☐
3. 安装内存条	☐
4. 安装显卡（独立显卡）	☐
5. 安装硬盘及光驱	☐
6. 连接电源及数据线	☐
三、困惑与建议	

任务三　安装 Windows 7 操作系统

一、任务导入

计算机系统包括硬件和软件两大部分，硬件是基础，软件是灵魂，二者缺一不可。

硬件安装完成之后，必须要安装相应的软件，其中首先要安装操作系统软件。操作系统软件有多种，本任务中以联想计算机为例，学习如何安装 Windows 7 操作系统。

二、任务实施

操作步骤见表 1-3。

表 1-3　操作步骤

步骤	说明或截图
放入安装光盘（也可使用 U 盘）：打开计算机电源，快速将安装光盘放入光驱中（这里安装程序在光盘）	

续表

步骤	说明或截图
选择启动盘（这里以联想计算机为例说明，不同计算机启动时的选择方式可能不同）：当屏幕上出现"LENOVO"的界面时，按下键盘上的F12功能键，更改启动的设备顺序，将存放有操作系统安装程序的驱动器作为第一启动设备	Startup Device Menu SATA 1: WDC WD5000AAKX-08ERMA0 SATA 3: HL-DT-STDVD-RAM GHA2N Network 1: Realtek PXE B05 D00 Enter Setup ↑ and ↓ to move selection 选择从光盘启动，即 DVD 光驱
确认光盘启动：选择光驱启动后，大约几秒便出现"Press any key to boot from CD."的字符，此时迅速按下键盘上的任意键（一般按 Enter 键即可）	Boot from CD : Press any key to boot from CD._ 按任意键从光驱启动
进入 Windows 7 安装界面：自动进入 Windows 7 安装界面，单击"下一步"按钮即可	
确认安装协议：必须要确认安装协议，否则安装无法进行	
选择安装分区项：选择一个用来存放系统文件的分区（这里可根据需要来选择相应的分区，也可在此界面中对硬盘进行分区重分配）	

步骤	说明或截图
输入用户名和计算机名：可以自定义用户名和计算机，也可以选择计算机默认值，之后输入开机密码	
输入产品密钥：产品密钥为软件产品的身份识别信息，可以在光盘封套内寻找	
设置时间和日期：设置好时间和日期后单击"下一步"按钮即可	
启动成功界面：如果前面设置了开机密码，则此时会提示输入开机密码	

三、任务拓展

按上述步骤操作后，我们已成功完成系统的安装，接下来我们学习如何设置和更改用户密码。

更改用户密码：选择"开始"→"控制面板"→"用户账户"命令，在打开的"用户账户"界面中更改用户密码，如图 1-3 所示。

图 1-3　更改用户密码

学习任务单

一、学习方法建议	
预操作练习→听课（老师讲解、示范、拓展）→再操作练习→完成学习任务单	
二、学习任务	
1. 设置从光驱启动	☐
2. 从光驱启动计算机	☐
3. 确认安装 Windows 7	☐
4. 安装的分区管理	☐
5. 设置开机用户名和计算机名	☐
6. 设置开机密码	☐
7. 输入产品密钥	☐
8. 安装成功界面	☐
三、困惑与建议	

任务四　安装 Office 办公软件

一、任务导入

计算机操作系统安装完成后，根据用途不同，需要安装不同的应用软件，本任务

来学习如何安装 Office 办公软件。

二、任务实施

操作步骤见表 1-4。

表 1-4　操作步骤

步骤	说明或截图
启动计算机操作系统 Windows 7	
双击所需应用软件的安装程序 setup.exe（如果是光盘，放入计算机后会自动进入安装环节）	
输入产品密钥，产品密钥也就是产品序列号，一般保存在光盘的封套内，随软件产品一起发售	
选择安装类型，单击"立即安装"按钮，则计算机会自动进行安装；单击"自定义"按钮，则计算机可根据用户需要进行安装选项及位置的更改，这里以"自定义"为例	

续表

步骤	说明或截图
通过"安装选项"选项卡可更改安装的选项及安装位置	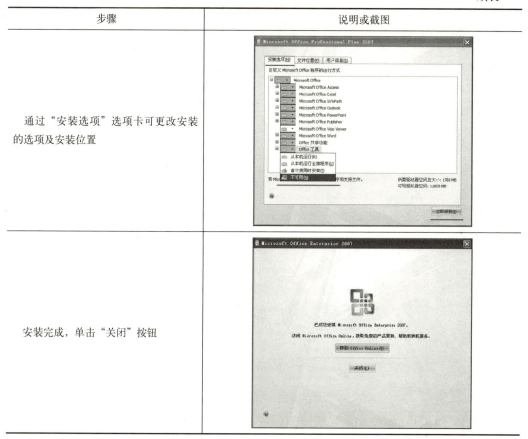
安装完成，单击"关闭"按钮	

三、任务拓展

按上述步骤操作后，我们还可以拓展学习如何为办公软件创建桌面快捷方式。首先选择相应的选项，右击，然后在弹出的快捷菜单中选择"发送到"→"桌面快捷方式"命令，如图 1-4 所示。

图 1-4　创建桌面快捷方式

学习任务单

一、学习方法建议	
预操作练习→听课（老师讲解、示范、拓展）→再操作练习→完成学习任务单	
二、学习任务	
1. 启动操作系统	☐
2. 运行安装程序	☐
3. 输入产品密钥	☐
4. 更改安装位置	☐
5. 创建桌面快捷方式	☐
三、困惑与建议	

任务五 认识资源管理器

一、任务导入

计算机系统是由软件和硬件组成的完整系统，二者缺一不可。计算机硬盘上保存有大量的数据，想要对计算机软件和硬件进行有效的管理，我们可以借助于系统中的资源管理器实现，我们将通过本任务学习这个部分。

二、任务实施

操作步骤见表1-5。

表1-5 操作步骤

步骤	说明或截图
打开资源管理器窗口。 方法一：选择"开始"→"所有程序"→"附件"→"Windows 资源管理器"命令。 方法二：同时按下键盘中的徽标键及 E 键	

续表

步骤	说明或截图
认识资源管理器窗口：资源管理器窗口由两部分组成，其中左侧为文件夹部分，右侧显示的则是左侧打开的具体资源内容。 　　通过资源管理器窗口，可以直观看出硬盘空间的分区情况及各分区的使用情况	 文件夹　　　　　左侧打开的文件夹中 　　　　　　　　的下级文件夹及文件
认识文件及文件夹图标：文件夹图标为黄色，是形象的文件夹形状；而文件则根据其类型不同，其图标种类不同	 文件夹图标及名称　　文件图标及文件名
掌握文件及文件夹的命名规划：文件名不能超过 255 个英文字符，即不能超过 127 个汉字。键盘输入的英文字母、符号、空格等都可以作为文件名的字符来使用，但是特殊字符由系统保留不能使用，如":""/""\\""?""*""""""<"">""|"。 　　不论是文件还是文件夹的命名，都要方便后期的查找和使用	
认识文件的扩展名：不同类型的文件，其扩展名不相同。例如，Word 软件形成的文档，扩展名为 .doc；Windows 画图软件形成的文件，扩展名为 .bmp。我们可以根据文件的扩展名来判断文件的类型	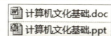 　　这里主文件名相同，但文件扩展名不同，是两个不同的文件，其中 .doc 由微软文字处理软件 Word 形成，而 .ppt 由微软演示文稿制作软件形成

三、任务拓展

　　认识资源管理器之后，我们还可以通过资源管理器窗口，查看硬盘的分区情况；并可以在硬盘的不同分区中，根据需要新建不同的文件夹分类文件。

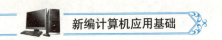

学习任务单

一、学习方法建议	
预操作练习→听课（老师讲解、示范、拓展）→再操作练习→完成学习任务单	
二、学习任务	
1. 打开资源管理器窗口	☐
2. 认识资源管理器窗口的组成	☐
3. 认识资源管理器窗口中的文件夹及文件	☐
4. 掌握文件及文件夹的命名规则	☐
5. 认识文件的扩展名	☐
三、困惑与建议	

任务六　利用资源管理器管理文件及文件夹

一、任务导入

使用资源管理器窗口不仅可以查看文件及文件夹资源，我们将通过本任务学习借助资源管理器窗口，轻松实现对文件及文件夹的管理工作。

二、任务实施

操作步骤见表1-6。

表1-6　操作步骤

步骤	说明或截图
利用资源管理器窗口新建文件夹：在硬盘的D盘新建一个文件夹，名称为"资源"。 方法一： （1）打开资源管理器窗口。 （2）单击D盘。 （3）选择"文件"→"新建"→"文件夹"命令。 （4）命名为"资源"。 方法二：直接在右侧的窗口空白区域右击，在弹出的快捷菜单中，选择"新建"→"文件夹"命令，为新建的文件夹命名即可	选择D盘 选择"文件"→"新建"→"文件夹"命令 为新建的文件夹命名

续表

步骤	说明或截图
将 C 盘中的文件复制到步骤 1 新建的文件夹中，方法如下： （1）打开 C 盘。 （2）找到需要复制的文件，并右击。 （3）在弹出的快捷菜单中，选择"复制"命令。 （4）打开目标文件夹，这里为步骤 1 新建的文件夹"资源"。 （5）在窗口的空白区域右击，在弹出的快捷菜单中选择"粘贴"命令，则文件复制成功	快捷菜单
文件重命名，操作方法如下： （1）单击要修改的文件。 （2）右击，在弹出的快捷菜单中选择"重命名"命令。 （3）在文件名文本框中输入新的文件名。 （4）确认完成重命名操作	在文本框中输入新的文件名
修改文件属性，操作方法如下： （1）选择要修改属性的文件。 （2）右击，在弹出的快捷菜单中选择"属性"命令。 （3）根据需要在属性项目中进行相应的修改。 （4）确认完成	

三、任务拓展

利用资源管理器窗口既可以对文件操作，也可以对文件夹操作，二者操作方法类似。我们可以沿用之前的方法，在已经新建的文件夹中再新建一个文件夹，并将此文件夹重新命名。

学习任务单

一、学习方法建议	
预操作练习→听课（老师讲解、示范、拓展）→再操作练习→完成学习任务单	
二、学习任务	
1．打开资源管理器窗口	☐
2．新建文件夹	☐
3．利用资源管理器窗口复制文件	☐
4．利用资源管理器窗口管理文件及文件夹	☐
三、困惑与建议	

任务七　安装使用维护软件

一、任务导入

在使用计算机的过程中，可能会遇到许多问题，如硬盘空间需要清理、计算机中病毒需要查杀，等等。我们可以借助工具软件来对计算机进行常规的维护工作，本任务以"金山毒霸"软件为例进行说明。

二、任务实施

操作步骤见表1-7。

表1-7　操作步骤

步骤	说明或截图
上网搜索"金山毒霸"软件，并下载	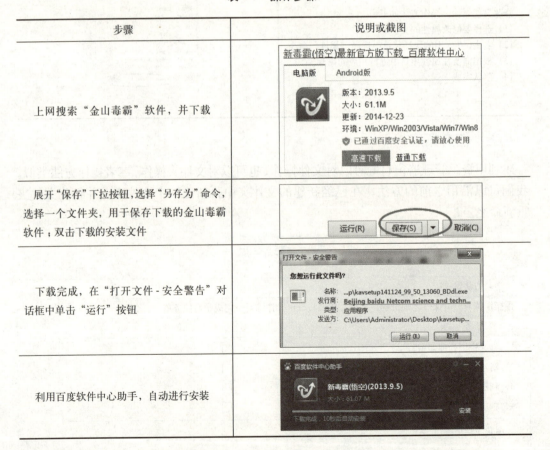
展开"保存"下拉按钮，选择"另存为"命令，选择一个文件夹，用于保存下载的金山毒霸软件；双击下载的安装文件	
下载完成，在"打开文件 - 安全警告"对话框中单击"运行"按钮	
利用百度软件中心助手，自动进行安装	

步骤	说明或截图
单击"立即安装"按钮	
使用"金山毒霸"软件：软件安装完成后，可立即启动运行	
根据需要进行相应的操作，如垃圾清理、软件管理等	

三、任务拓展

按上述步骤操作后，运行金山毒霸，使用金山毒霸软件对计算机进行清理，检测计算机中是否有病毒程序，并根据程序引导，对计算机中存在的垃圾文件进行清理。

学习任务单

一、学习方法建议
预操作练习→听课（老师讲解、示范、拓展）→再操作练习→完成学习任务单

二、学习任务	
1. 下载金山毒霸软件	☐
2. 安装金山毒霸软件	☐
3. 使用金山毒霸软件对计算机进行检测	☐
4. 使用金山毒霸软件清理计算机中的垃圾文件	☐

三、困惑与建议

任务八　系统备份与恢复

一、任务导入

计算机所有程序安装完成之后，为避免在以后的使用中，当计算机出现异常情况或者数据被破坏的情况时重新安装计算机系统及应用软件，我们可以在计算机正常使用的时候，对数据进行备份，这样，如果以后计算机数据被破坏，只要将数据进行恢复即可。本任务将学习备份与恢复数据的知识。

二、任务实施

操作步骤见表 1-8。

表 1-8　操作步骤

步骤	说明或截图
下载备份与恢复软件 (GHOST)： (1) 通过百度查找 GHOST 软件。 (2) 选择保存的位置	通过网络查找 GHOST 软件 单击"保存"按钮，定位文件的保存位置
安装 GHOST 软件：双击安装文件，根据屏幕提示，完成整个软件的安装。 这里软件安装采取默认的选项即可	GHOST 安装文件　GHOST 安装成功后的项目
使用 GHOST 对数据进行备份：选择"开始"→"所有程序"→"一键 GHOST"命令。 第一次使用时，首先要对系统数据进行备份操作，直接单击"备份"按钮即可，整个过程自动完成。 在进行系统备份的过程中，系统需要重新启动	进行备份操作选项　　备份过程的进度

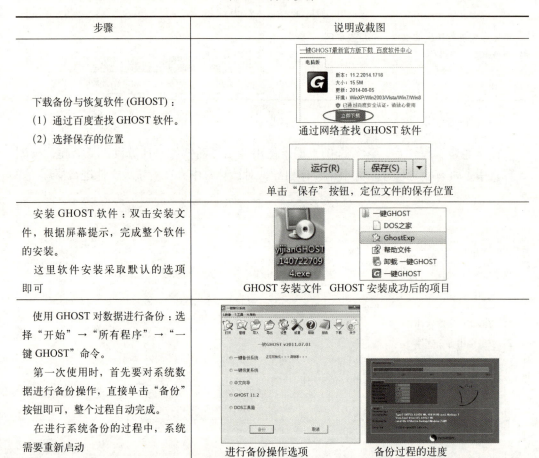

续表

步骤	说明或截图
使用 GHOST 对数据进行恢复：在利用 GHOST 进行系统数据恢复（即数据还原）时，可以使用步骤 3 的方法，在打开的界面中点选"一键恢复系统"单选按钮，对数据进行恢复操作；也可在计算机重新启动时，直接通过选项菜单完成	 开机选项菜单

三、任务拓展

利用 GHOST 软件可以快速实现对系统数据的备份与恢复，在使用的过程中，可以指定备份文件的位置，也可以通过人工方式对系统数据进行恢复。

首先，将计算机中的数据进行备份，再对计算机中的部分数据进行修改。利用一键 GHOST 程序，对系统数据进行恢复，查看文件的变化情况。

学习任务单

一、学习方法建议	
预操作练习→听课（老师讲解、示范、拓展）→再操作练习→完成学习任务单	
二、学习任务	
1. 下载备份与恢复软件（GHOST）	☐
2. 安装备份与恢复软件	☐
3. 使用软件对数据进行备份	☐
4. 使用软件将数据恢复到计算机中	☐
三、困惑与建议	

项目二

文字录入训练

任务一 熟悉键盘

一、任务导入

键盘是计算机重要的输入设备，通过键盘可以快速将相关数据录入计算机，本任务的主要目的是熟悉键盘及其基本操作。

不同的键盘可能形状不同，但基本功能相同。

二、任务实施

操作步骤见表 2-1。

表 2-1　操作步骤

步骤	说明或截图
认识键盘的区域分布：包括主键盘区（打字键区）、编辑键区、小键盘区、功能键区	功能键区 主键盘区　　　编辑键区　小键盘区
认识常见按键： 制表符（Tab）：用于制表定位。 大写字母锁定键（Caps Lock）：默认情况开机使用时是小写字母，按此键后，转换为大写字母输入；再次按此键，则输入转换为小写。此键也称为大、小写字母转换键。 上挡字符键（Shift）：左右各一个，用于输入上挡字符，如 @、（）等；当键盘处于小写字母时，在按住此键的同时按字母键，则输入为大写。 回车换行键（Enter）：用于转换到下一行，继续输入。 退格键（Backspace）：用于删除光标前面的一个字符。 空格键：用于输入一个空格。 终止键（Esc）：终止程序的执行。 控制键（Ctrl、Alt）、功能键（F1～F12）：配合不同的软件使用。	制表符　　　大写字母锁定键　　上挡字符键 回车换行键　　　　退格键 空格键 终止键　　控制键　　　　功能键

续表

步骤	说明或截图
认识基准键位：A、S、D、F、J、K、L，分别由左手小指、无名指、中指、食指及右手食指、中指、无名指和小指各四个手指去控制	
练习键位指法：主键盘区由双手共同操作不同的按键，需要通过练习来体验	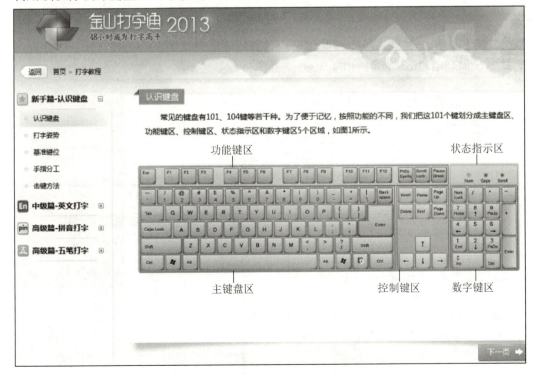

三、任务拓展

认识键盘的目的是熟练使用键盘，我们可以从网上下载并安装金山打字通软件，利用该软件训练键盘的基本使用，如图 2-1 所示。

图 2-1　金山打字通软件界面

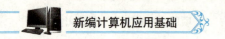

一、学习方法建议	
预操作练习→听课（老师讲解、示范、拓展）→再操作练习→完成学习任务单	
二、学习任务	
1. 认识键盘各区域名称	☐
2. 掌握常见按键的使用方法	☐
3. 掌握基准键位的使用方法	☐
4. 熟悉其他相关按键的指法	☐
三、困惑与建议	

任务二　制作公务文书

一、任务导入

计算机应用领域越来越广，其中利用计算机来处理公务文书方便、快捷。本任务将学习如何利用 Office 2007 中的 Word 来处理公务文书。

二、任务实施

操作步骤见表 2-2。

表 2-2　操作步骤

步骤	说明或截图
启动 Office 2007 中的 Word 2007 选项。 方法一：双击桌面快捷方式图标。 方法二：选择"开始"→"所有程序"→"Microsoft Office"→"Microsoft Word 2007"命令启动 Word 2007	菜单栏　工具栏 编辑区域 Word 2007 窗口组成

步骤	说明或截图
录入正文内容： （1）选择一种输入法，将图中正文内容输入计算机。按 Ctrl+ 空格组合键可以实现中、英文输入法的快速切换；按 Ctrl+Shift 组合键可以快速实现各种不同输入法之间的切换；按 Insert 键可以实现"插入"和"改写"状态的切换。 （2）将右图中正文内容直接录入。在录入的过程中，如果需要分段可以直接按 Enter 键，不需要进行其他的调整	**会议通知** 经研究，定于 9 月 17 日下午 3：00 在市教育局第二会议室召开全市中职学校新学期主要教育教学工作会，现将相关事项通知如下： 　一、会议对象 　1、各有关县区教育局长、县区各中职学校校长； 　2、市属各普通中学、职业中专、职业学校校长。 　二、会议内容 　1、布置 2010 年新学期主要教育教学工作； 　2、布置以"重德育、展技能、强素质、提质量"为主题的系列活动安排； 　3、2010 年招生情况汇总工作； 　4、2010 年市重点示范专业评审申报工作； 　5、其他有关工作。 　请按照出席。 XX 市教育局职成处 XXXX 年 XX 月 XX 日 正文内容
设置标题格式：录入完成后，按照文件要求，分别进行字体、字形及字号的设置。 选中标题文字"会议通知"，选择字体为"宋体"、"字形"为"加粗"，"字号"为"二号"；单击"段落"→"居中"按钮	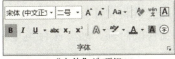 "字体"选项组  "段落"选项组
设置正文格式： （1）选择正文内容。 （2）单击"段落"设置展开按钮，弹出"段落"对话框。在"缩进与间距"选项卡中设置"特殊格式"为"首行缩进"，"磅值"为"2 字符"，此时所有段落文字退后两格。 （3）选择正文内容，设置"字号"为"四号"；分别选中"一、会议对象"和"二、会议内容"两个标题，设置"字体"为"黑体"。 （4）将落款部分靠右对齐	 "段落"设置展开按钮  缩进和间距

步骤	说明或截图
保存文件：选择"文件"→"保存"或者"另存为"命令，在弹出的"另存为"对话框中将文件保存在指定的文件夹中	 选择文件夹及命名文件名

三、任务拓展

　　一般来说，高版本软件可以打开低版本软件形成的文档，本任务使用的是 Word 2007，可以尝试将文件保存为 Word 2003 版本可以打开的文件格式，如图 2-2 所示。

　　保存文件的时候，展开保存类型，选择正确的格式即可。

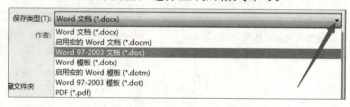

图 2-2　将文件保存为其他格式类型

学习任务单

一、学习方法建议	
预安装练习→听课（老师讲解、示范、拓展）→再操作练习→完成学习任务单	
二、学习任务	
1．启动 Word 2007 软件	☐
2．选择输入法，录入正文内容	☐
3．设置标题格式	☐
4．设置正文格式	☐
5．保存文件	☐
6．选择文件类型	☐
三、困惑与建议	

任务三　制作商务合同

一、任务导入

　　上个任务中我们学习了如何处理公务文书，相比常规的公务文书，商务合同在格式上要求更高，制作起来也更复杂，本任务将学习如何制作商务合同。

二、任务实施

　　操作步骤见表2-3。

表2-3　操作步骤

步骤	说明或截图
启动文字处理软件 Word 2007，选择一种输入法，将商务合同的全部内容录入计算机中（商务合同的具体内容见右图）。 　　说明：录入正文时，先将所有文字录入完毕，然后统一进行格式设置	**第 1 页 共 2 页** **购买电脑合同** 卖方：九州科技开发有限责任公司(简称甲方) 买方：安徽工业学校（简称乙方） **一、购买产品规格、数量及要求：** 联想 L3000G430A，数量：100 台，要求：质量合格，若出现不合格或假冒伪劣产品将由甲方提供双倍赔偿。 **二、价格** 本合同约定的价格包括电脑及相关全部配件，每台 4580 元。 **三、费用支付方式：** 签约后支付总价 30%预付款，收到校方预付款后甲方应在七个工作日内完成产品的交付，乙方安装调试并经甲方验收合格后再付 60%，其余 10%做为质保金，在一年后付清。 **四、权利义务** ● 自甲方将电脑交付乙方之日起，甲方保障对其公司产品按照联想产品相关保修规定严格执行。 ● 乙方在使用过程中，因产品质量问题，一个月内无条件退货或退换新货。 ● 质保期限内，本合同约定的电脑相同故障经三次以上维修仍不能正常工作的，乙方承诺予以同样品牌新电脑调换或者退还全部货款给甲方。 **五、其他约定** 其他未尽事宜，由双方协商解决。本合同一式两份，双方各执一 **第 2 页 共 2 页** 份。自甲方交付预付款时生效。 甲方：（签章）：　　　　　　乙方：（签章）： 法定代表人：　　　　　　　　法定代表人： 电话：　　　　　　　　　　　电话： 签定日期：　　　　　　　　　签定日期：

续表

步骤	说明或截图
设置格式： （1）标题设置：宋体、二号，居中。 （2）正文设置：宋体、四号	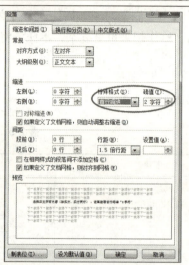
设置首行缩进：选择正文所有内容（除买方、卖方两行），单击"段落"设置展开按钮，在弹出的"段落"对话框中设置段落"首行缩进""2字符"	
使用格式刷： （1）选择正文中的第一个标题，单击"加粗"按钮。 （2）双击右图中的"格式刷"按钮，分别刷正文中的每一处标题，从而可快速将第一个标题的格式运用到所选择的每一处标题。 （3）使用完毕，再次单击"格式刷"按钮，以取消格式刷的选择	
使用项目符号：选择第四部分"权利义务"中的所有内容，单击"段落"→"项目符号"下拉按钮，选择一种符号，则正文中将增加项目符号	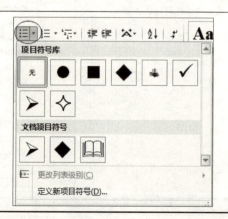

续表

步骤	说明或截图
使用页眉和页脚： （1）单击"插入"→"页眉和页脚"→"页眉"按钮。 （2）在打开的"页眉"下拉列表中选择"编辑页眉"命令。 （3）输入页眉内容。 （4）用同样方法可以输入页脚内容	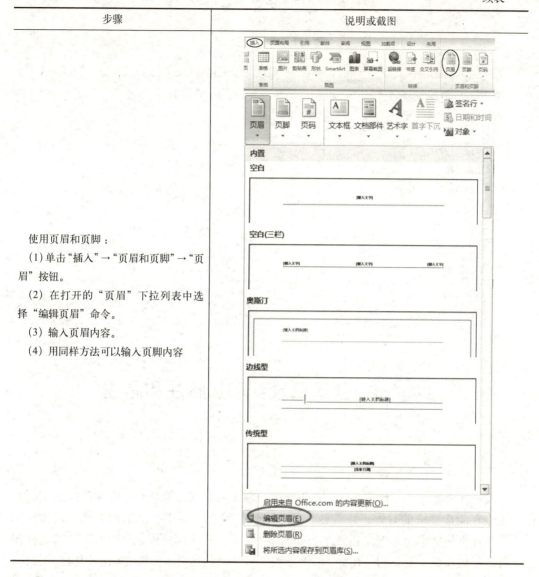

三、任务拓展

商务合同的制作过程中往往面临多次修改，如页眉页脚的更改或删除。我们可按照图 2-3 的提示，拓展掌握给正文添加"页脚"，并删除"页眉"的方法。

图 2-3　编辑页眉与页脚

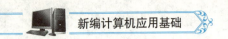

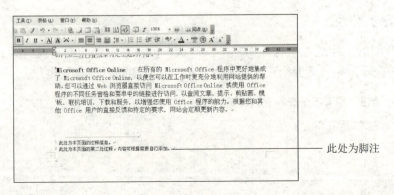

学习任务单

一、学习方法建议
预操作练习→听课（老师讲解、示范、拓展）→再操作练习→完成学习任务单

二、学习任务

1. 输入正文内容 ☐
2. 设置文字格式 ☐
3. 设置首行缩进 ☐
4. 使用格式刷 ☐
5. 使用项目符号 ☐
6. 使用页眉和页脚 ☐

三、困惑与建议

任务四 创建目录、增加脚注和尾注

一、任务导入

　　我们在查阅任何一份书籍内容的时候，一般先要看其目录，了解其内容要点。另外，当我们在阅读文章的时候，特别是一些学术性的论文，要求有固定的结构，需要增加一些注释性的文字，即脚注和尾注，如图 2-4 所示，其中脚注添加在每页的下方，而尾注自动添加在整个文章的结尾处。本任务我们将学习创建目录，增加脚注和尾注的知识。

图 2-4　脚注

二、任务实施

操作步骤见表2-4。

表2-4 操作步骤

步骤	说明或截图
添加脚注： （1）在页面中选择需要为其添加说明（即脚注）的字符。 （2）单击"引用"→"脚注"→"插入脚注"按钮，则自动进入脚注编辑区，输入脚注内容即可。 （3）在正文区域增加相应的序号，以对应脚注的内容	插入 页面布局 引用 AB¹ 插入尾注 插入脚注 下一条脚注 显示备注 脚注
添加尾注：方法同步骤1，尾注都是放在文章结尾处，可以添加多个尾注内容，同样在正文相应区域自动形成序号，以对应尾注的内容	入 页面布局 引用 AB¹ 插入尾注 插入脚注 下一条脚注 显示备注 脚注
插入目录： （1）选择正文中标题内容，单击"样式"设置展开按钮，打开"样式"下拉列表。 （2）为选中的标题设置一种标题类型。 （3）用同样的方法为正文中的所有标题设置类型，或者使用"格式刷"来设置所有标题 （4）定位需要放置目录的位置，单击"引用"→"目录"按钮。 （5）根据需要选择一种目录的类型，则文章自动形成目录	AaBl AaBb AaBbCcDd AaBbCcDd AaBbC 标题1 标题2 正文 无间隔 标题3 样式 全部清除 标题1 标题2 正文 无间隔 标题3 文件 开始 插入 页面布局 引用 目录 添加文字 更新目录 插入脚注 下一条脚注 显示备注 目录 脚注

三、任务拓展

当正文内容发生变化后，标题也相应发生变化，文章的目录结构也需要更新。可通过图 2-5 所示按钮来完成目录的更新。

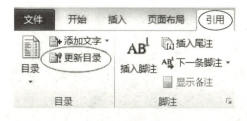

图 2-5 更新目录

《 学习任务单 》

一、学习方法建议

　　预操作练习→听课（老师讲解、示范、拓展）→再操作练习→完成学习任务单

二、学习任务

　　1. 插入脚注　　　　　　　　　　□

　　2. 插入尾注　　　　　　　　　　□

　　3. 插入目录　　　　　　　　　　□

　　4. 更新目录　　　　　　　　　　□

三、困惑与建议

制作宣传手册

任务一　规划宣传手册版面（一）

一、任务导入

宣传手册的种类很多，如旅行社、商场、宾馆折页、招生简章、电话号码簿、效率手册、接待指南等。我们可以通过 Word 软件制作这类文件。制作过程分为几个部分，本任务中我们先来学习如何布局。下面先展示一份宣传手册样本，如图 3-1 所示。

（a）外页（4、1）

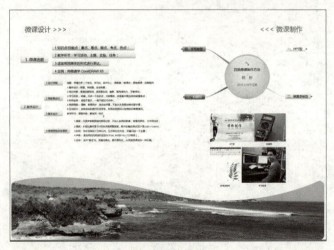

（b）内页（2、3）

图 3-1　微课学习手册

按照 Word 的排版方式,可将其版面构成的元素划分为艺术字、文本框、表格、图表、图片、形状等。

二、任务实施

操作步骤见表 3-1。

表 3-1 操作步骤

步骤	说明或截图
分析学习手册版面构成	第 4、1 页为外页,第 2、3 页为内页: 第 4 页(封底):其上构成元素有矩形、文本框、图片; 第 1 页(封面):其上构成元素有矩形、文本框、图片; 第 2 页:其上构成元素有矩形、文本框、SmartArt 图形; 第 3 页:其上构成元素有文本框、图片、SmartArt 图形
启动 Word,选择"文件"→"新建"→"空白文档"命令,创建一个新文档	
选择"页面布局"→"页面设置"→"纸张方向"→"横向"命令,完成 4、1 页的版面布局	
单击"插入"→"页面"→"空白页"按钮,得到 2、3 页的版面布局	

续表

步骤	说明或截图
单击"保存"按钮,选择在"计算机"上存储的位置,将文档用指定的名称加以保存	

三、任务拓展

上文中我们学习了两折页手册的布局,接下来还可以分析三折页手册、简章和指南等文档的版面布局。以三折页为例,其版面布局为 5-6-1、2-3-4,如图 3-2 所示。

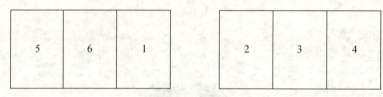

图 3-2　版面布局

学习任务单

一、学习方法建议	
预操作练习→听课(老师讲解、示范、拓展)→再操作练习→完成学习任务单	
二、学习任务	
1. 新建 Word 文档	☐
2. 设置纸张大小	☐
3. 设置纸张方向	☐
4. 插入"分页符"	☐
5. 保存并关闭 Word 文档	☐
三、困惑与建议	

任务二 规划宣传手册版面（二）

一、任务导入

在了解了两折页宣传手册的布局之后，本任务我们可继续学习版面的设置。

参考图3-1学习手册的两折页设计，对版面进行水平等分，第4、1页一个版面，第2、3页组成另一个版面。

二、任务实施

操作步骤见表3-2。

表3-2 操作步骤

步骤	说明或截图
选择"页面布局"→"页面设置"→"页边距"→"自定义边距"命令，弹出"页面设置"对话框，将页边距上、下、左、右的值均设置为0	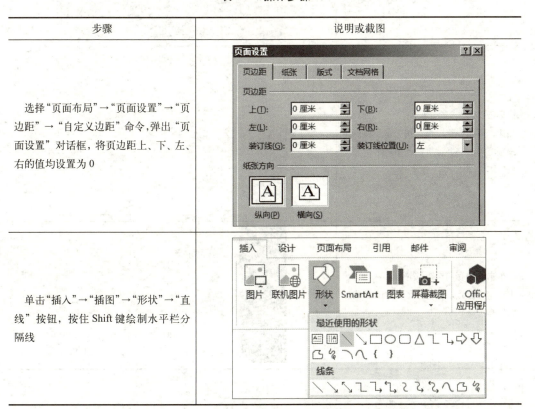
单击"插入"→"插图"→"形状"→"直线"按钮，按住Shift键绘制水平栏分隔线	

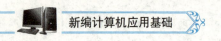

步骤	说明或截图
选择"格式"→"排列"→"位置"→"其他布局选项"命令,弹出"布局"对话框,点选"位置"→"水平"→"相对位置"单选按钮,输入"50%",将垂直线按"页面"居中,左边作为第 4 页、右边作为第 1 页	
单击"插入"→"页面"→"空白页"按钮,新增一空白页,按上述步骤描述绘制分隔线,并按页面水平居中	
单击"保存"按钮,选择在"计算机"上存储的位置,将文档用指定的名称加以保存	

三、任务拓展

除按上述步骤操作之外,我们还可尝试使用表格进行页面布局设置,这是另一种操作方法,实际应用时可根据具体情况选择使用,如图 3-3 所示。

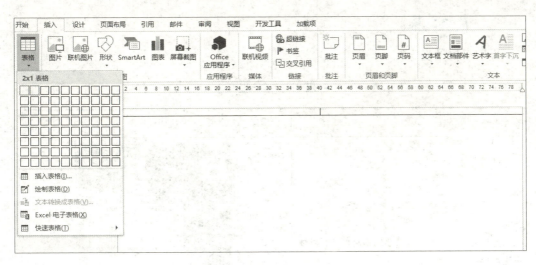

图 3-3 插入表格

学习任务单

一、学习方法建议	
预操作练习→听课（老师讲解、示范、拓展）→再操作练习→完成学习任务单	
二、学习任务	
1．页边距设置	☐
2．绘制水平栏分隔线	☐
3．相对位置设置	☐
4．插入表格（2×1），进行页面布局设置	☐
三、困惑与建议	

任务三 获取及处理素材

一、任务导入

布局设置完成后，就需要在页面内部添加内容和要素。图、文是页面排版的主要要素，本任务中我们来介绍图片获取的途径、格式调整及样式设定方法。

二、任务实施

操作步骤见表 3-3。

表 3-3　操作步骤

步骤	说明或截图
浏览网页、复制或下载需要的素材图片，具体方法如下： 　　（1）复制图片：在打开的网页图片处右击，在弹出的快捷菜单中选择"复制图片"命令即可。 　　（2）下载图片：在打开的网页图片处右击，在弹出的快捷菜单中选择"图片另存为"命令即可	 选择"复制图片"命令  选择"图片另存为"命令
用数码照相机、Pad 或手机拍摄照片，然后在 Word 中单击"插入"→"插图"→"图片"按钮，弹出"插入图片"对话框，找到照片在数码设备上存储的位置（文件夹），从而可将图片插入当前文档中	
将鼠标指针移动至图片的四个角上，可调整其大小；单击图片最上方的按钮，可将其旋转；单击"布局选项"按钮，可设定"文字环绕"图片效果	

续表

步骤	说明或截图
单击"图片样式"预设的按钮,可改变图片形状、图片边框、图片效果和图片版式	

三、任务拓展

按上述步骤操作后,我们还可以在 Word 中双击图片,打开"格式"选项卡所对应的一组功能按钮。单击"图片版式"按钮,可将选定的图片转换成 SmartArt 图形,从而轻松地排列、添加标题并调整图片的大小,如图 3-4 所示。

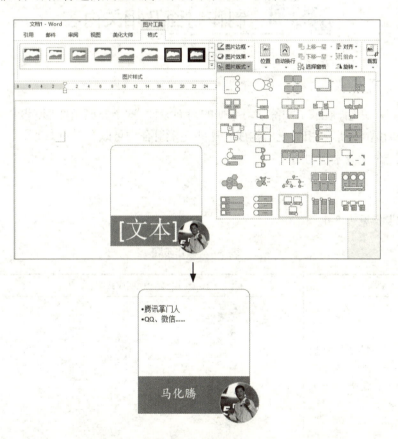

图 3-4　图片版式

一、学习方法建议
预操作练习→听课（老师讲解、示范、拓展）→再操作练习→完成学习任务单

二、学习任务	
1．从网页中复制图片	☐
2．从网页中下载图片	☐
3．调整图片大小	☐
4．设置图片旋转	☐
5．设置图片的"文字环绕"效果	☐
6．设置图片样式	☐
7．设置图片版式	☐

三、困惑与建议

任务四　制作封面及相关内容

一、任务导入

本项目一开始,展示了一份学习手册的封面设计,这个封面由图形、艺术字、文本框、图片、SmartArt 图形等相关元素构成,这些元素组合均可以在 Word 软件中实现,下面我们通过一个任务来学习。

二、任务实施

操作步骤见表 3-4。

表 3-4　操作步骤

步骤	说明或截图
单击"插入"→"插图"→"形状"→"矩形"按钮,依页面大小绘制两个长方形、四个大小不等的正方形	

步骤	说明或截图
对页面中六个大小不一的矩形分别填充不同的颜色，调整在封面页上方的位置，去除形状轮廓	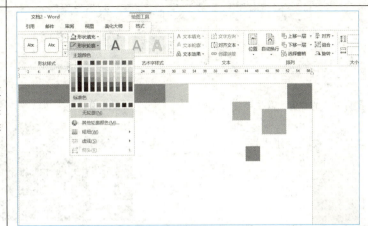
单击"插入"→"文本"→"艺术字"按钮，在打开的下拉列表中选择预设的一种艺术字样式，输入文本	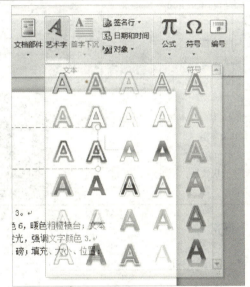
在"开始"菜单中设定艺术字的字体、字号，在"格式"选项卡中设定艺术字的文本填充、文本轮廓和文本效果	

步骤	说明或截图
单击"插入"→"插图"→"图片"按钮，插入一张图片并调整好相应的位置；双击图片，单击"格式"→"排列"→"自动换行"按钮，将图片设置成"浮于文字上方"	
在图片的下方绘制矩形并填充颜色；单击"插入"→"文本"→"文本框"按钮，在内置的文本框样式中选择一种插入文档，输入内容"NT Workshop"；在"格式"选项卡中可设定文本框的文本填充、文本轮廓和文本效果，同时还可设定文本框的形状填充、形状轮廓和形状效果。 至此，封面制作完成	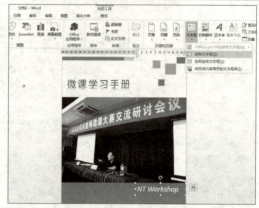

三、任务拓展

1. 编辑文本框形状

绘制一个文本框，选择"格式"→"插入形状"→"编辑形状"→"更改形状"命令，可将文本框设置成指定的椭圆、菱形等形状，如图 3-5 所示。

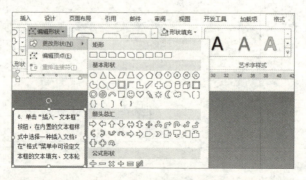

图 3-5　文本框形状编辑

2. 创建文本框链接

　　绘制两个文本框，在第一个文本框中输入文字并将其"溢出"，单击"格式"→"文本"→"创建链接"按钮，鼠标指针变成"茶杯"状，在第二个文本框中单击，即可创建两个文本框的链接，如图3-6所示。

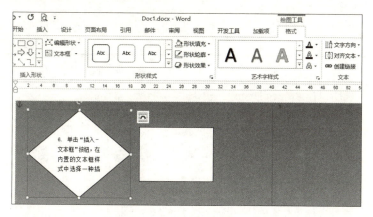

图3-6　文本框链接

学习任务单

一、学习方法建议	
预操作练习→听课（老师讲解、示范、拓展）→再操作练习→完成学习任务单	
二、学习任务	
1．插入矩形	☐
2．填充颜色	☐
3．去除形状轮廓	☐
4．插入并编辑艺术字	☐
5．插入并编辑文本框	☐
三、困惑与建议	

任务五　制作内页及相关内容

一、任务导入

　　在上一个任务中，我们学习了封面部分的制作方法，本任务中我们将继续学习制作手册的内页，如图 3-1 所示，首先分析其上的元素构成：图形、艺术字、文本框、图片、SmartArt 图形等，然后用 Word 完成相应的设计。

二、任务实施

操作步骤见表 3-5。

表 3-5　操作步骤

步骤	说明或截图
单击"插入"→"插图"→"形状"→"双波形"按钮，在内页的下方绘制一个双波形	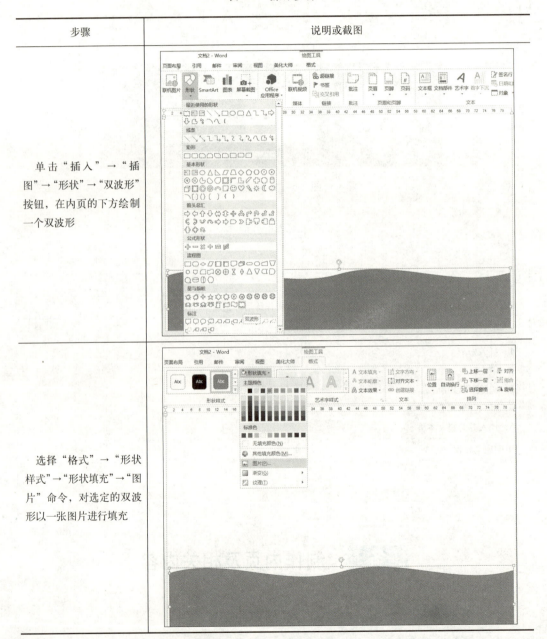
选择"格式"→"形状样式"→"形状填充"→"图片"命令，对选定的双波形以一张图片进行填充	

步骤	说明或截图
选择"格式"→"形状样式"→"形状轮廓"→"无轮廓"命令，对选定的双波形去除边界轮廓	
单击"插入"→"文本"→"文本框"按钮，插入两个文本框并输入相应的内容	
单击"插入"→"插图"→"SmartArt 图形"按钮，弹出"选择SmartArt 图形"对话框，选择"水平层次结构"选项，插入水平层次结构框图	

续表

步骤	说明或截图
双击水平层次结构框图，在其中输入相应的文字内容	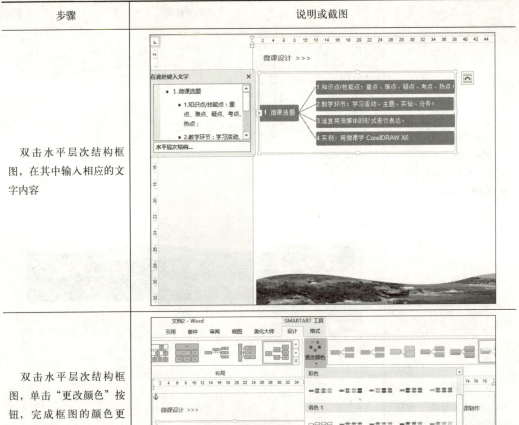
双击水平层次结构框图，单击"更改颜色"按钮，完成框图的颜色更改；单击"开始"→"字体"→"字体颜色"按钮，更改框图中文本的颜色；单击"SmartArt 样式"按钮，设定好框图的立体化效果；内页上其他对象设计操作方法类似，不再赘述	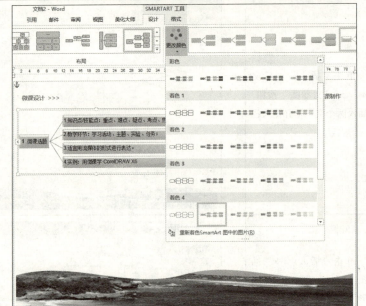

三、任务拓展

SmartArt 图形的布局、颜色及样式设定，不仅适用于 Word，同时也适用于 Excel（电子表格）、PowerPoint（演示文稿）等 Office 套件。学习时可融会贯通，尝试使用 Office 其他软件处理文件。

学习任务单

一、学习方法建议	
预操作练习→听课（老师讲解、示范、拓展）→再操作练习→完成学习任务单	
二、学习任务	
1．绘制双波形	☐
2．填充双波形并去除边界轮廓	☐
3．插入文本框	☐
4．插入水平层次结构框图	☐
5．更改 SmartArt 图形布局的图片、文本、颜色及样式	☐
三、困惑与建议	

任务六　使用模板库

一、任务导入

在 Word 软件中，有许多预设的信函、简历、商务、传单、日历和封面等专业模板，这可以提高文档编辑制作的效率。本任务中，我们来学习如何套用 Word 自带的模版制作文档。

二、任务实施

操作步骤见表 3-6。

表 3-6　操作步骤

步骤	说明或截图
选择"文件"→"新建"命令，打开 Word 模板库	

续表

步骤	说明或截图
选择所需的模板，单击"创建"按钮，开始下载模板并按模板自动创建一个新的文档	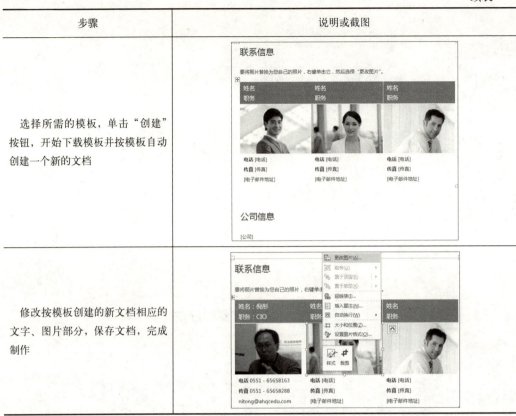
修改按模板创建的新文档相应的文字、图片部分，保存文档，完成制作	

三、任务拓展

想在 Word 中拥有更多种类的模板，我们可以在新建 Word 文档时，在搜索框中输入文档类型关键词，如"请柬"，进行相关模板的搜索，如图 3-7 所示。我们可根据自己的需要下载使用，这对提高效率有很大帮助。

图 3-7　联机搜索到的"请柬"模板

学习任务单

一、学习方法建议
预操作练习→听课（老师讲解、示范、拓展）→再操作练习→完成学习任务单

二、学习任务

1．打开 Word 模板库	☐
2．根据选定的"模板"创建文档	☐
3．编辑文档中的文字、图片	☐
4．联机搜索 Word 新模板	☐

三、困惑与建议

项目四

制作统计报表

任务一　制作简单的工资表

一、任务导入

Office 2007 中的 Excel 也是工作中常用的一个软件，它用于制作电子表格，完成数据计算，拥有强大的图表制作功能。在本任务中，我们将学习如何用 Excel 制作张简单的工资表。

先来观摩一张某学校的职工工资表，如表 4-1 所示。

表 4-1　某学校职工工资表

（单位：元）

序号	工号	姓名	基本工资	课时费	应发工资	公积金	实发工资
1	001	甲	680.00	1320.00	2000.00	1100.00	900.00
2	002	乙	930.00	1400.00	2330.00	1300.00	1030.00
3	003	丙	760.00	1100.00	1860.00	1000.00	860.00
4	004	丁	1080.00	1200.00	2280.00	1320.00	960.00
5	005	戊	680.00	890.00	1570.00	1100.00	470.00
6	006	己	760.00	1000.00	1760.00	1000.00	760.00

表 4-1 的元素构成有表头、栏目名、字符型数据、数值型数据。

二、任务实施

操作步骤见表 4-2。

表 4-2　操作步骤

步骤	说明或截图
启动 Excel，了解工作簿、工作表、单元格、行、列的概念	

续表

步骤	说明或截图
输入标题、表头，然后逐行输入数据	![表格截图：某学校职工工资表，序号/工号/姓名/基本工资/课时费/应发工资/公积金/实发工资]
选定单元格，输入公式、计算结果。例如，F3=D3+E3，H3=F3-G3	![表格截图：H3 单元格 =F3-G3]
复制公式，求出其他单元格的结果，即将光标移至单元格的右下角，待光标呈黑色"+"符号时按住不松，向下拖动	![表格截图：复制公式]
单击"保存"按钮，选择在"计算机"上存储的位置，将工作簿以扩展名 .xlsx 的格式保存	![另存为对话框截图]

三、任务拓展

在制作表格的过程中，不免要插入一些数据，这时我们需要"插入行"或"插入列"以完成表格，首先，右击某一个单元格，其次，在弹出的快捷菜单中选择"插入"命令，弹出"插入"对话框，如图 4-1 所示，即可实现单元格、整行、整列的插入。

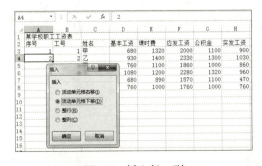

图 4-1　插入行、列

学习任务单

一、学习方法建议
预操作练习→听课（老师讲解、示范、拓展）→再操作练习→完成学习任务单

二、学习任务

1. 认识工作簿、工作表、单元格、行、列 ☐
2. 输入标题、表头、数据 ☐
3. 选定单元格，输入公式 ☐
4. 公式复制 ☐
5. 在表中指定位置插入行、列 ☐
6. 保存工作簿并关闭 Excel ☐

三、困惑与建议

任务二　设置工资表的格式

一、任务导入

为了制作一张更清晰、美观的工资表，本任务中将讲解如何设置工资表的格式，如文字居中对齐、小数点保留两位、边框线设置等。

二、任务实施

操作步骤见表4-3。

表 4-3 操作步骤

步骤	说明或截图
选中标题所在的多个单元格，与表格的宽度相同，单击"开始"→"对齐方式"→"合并后居中"按钮；再单击"开始"→"对齐方式"→"垂直居中"按钮，完成标题所在行的水平、垂直居中设置	设置"合并后居中" 设置"垂直居中"
选定"工号"所在的一列数据，右击，在弹出的快捷菜单中选择"设置单元格格式"命令，弹出"设置单元格格式"对话框，选择"数字"→"文本"选项，可将 1～5 分别改为 001～005	
选中表中基本工资至实发工资的数据部分，单击"开始"→"数字"→"增加小数位数"按钮，全部数据保留两位小数	
单击左上单元格，按住 Shift 键，单击右下单元格，选定全部表格，再单击"开始"→"对齐方式"→"居中"按钮，将全部单元格内容居中	

续表

步骤	说明或截图
选择"开始"→"字体"→"边框"→"所有框线"命令，设定好表格框线	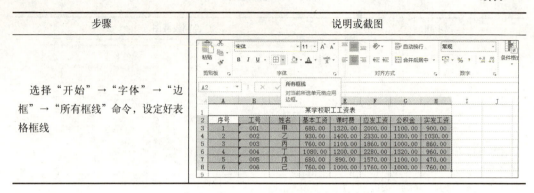

三、任务拓展

按上述步骤操作后，我们已经得到了一张较整齐的 Excel 工资表。这时我们需要拓展学习 Excel 中的另外一个功能，即函数公式计算。

Excel 函数公式位于"开始"→"编辑"选项组中，如图 4-2 所示。

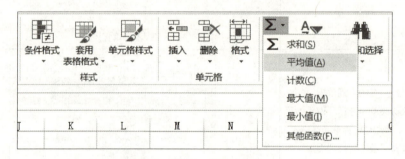

图 4-2　Excel 公式计算

使用常用函数 SUM( )、AVERAGE( )、COUNT( ) 可用于一列或一行数据的求和、求平均值、计数，如图 4-3 所示。

	A	B	C	D	E	F	G	H
1				某学校职工工资表				
2	序号	工号	姓名	基本工资	课时费	应发工资	公积金	实发工资
3	1	001	甲	680.00	1320.00	2000.00	1100.00	900.00
4	2	002	乙	930.00	1400.00	2330.00	1300.00	1030.00
5	3	003	丙	760.00	1100.00	1860.00	1000.00	860.00
6	4	004	丁	1080.00	1200.00	2280.00	1320.00	960.00
7	5	005	戊	680.00	890.00	1570.00	1100.00	470.00
8	6	006	己	760.00	1000.00	1760.00	1000.00	760.00
9		人数				合计		平均工资
10		=COUNT(A3:A8)				11800.00		830.00

图 4-3　Excel 公式计算

学习任务单

一、学习方法建议
预操作练习→听课（老师讲解、示范、拓展）→再操作练习→完成学习任务单
二、学习任务
1. 表格标题"合并后居中" ☐ 2. 设置单元格格式为"文本" ☐ 3. 增加/减少小数位数 ☐ 4. 单元格内容水平、垂直居中 ☐ 5. 设置表格框线 ☐ 6. SUM( )、AVERAGE( )、COUNT( ) 使用 ☐
三、困惑与建议

任务三 工资表排序

一、任务导入

Excel 除了具有数据计算处理功能外，还拥有数据管理的功能，在本任务中我们将学习如何将表格中的数据排序。

假设我们要按应发工资或实发工资的多少做升序或降序排列，或按同部门人员集中排序。

二、任务实施

操作步骤见表4-4。

表 4-4　操作步骤

步骤	说明或截图
基本排序：光标置于工资表中的某一数据单元格，单击"开始"→"编辑"→"排序和筛选"按钮，在打开的下拉列表中选择"升序"或"降序"命令，以该列数据为关键字段，完成表格数据的升序或降序排列。以"应发工资"为例，降序排列	单元格样式　插入　删除　格式　排序和筛选　查找和选择 单元格 升序(S)　降序(O)　自定义排序(U)...　筛选(F)　清除(C)　重新应用(Y) 某学校职工工资表 序号 工号 姓名 基本工资 课时费 应发工资 公积金 实发工资 2 002 乙 930.00 1400.00 2330.00 1300.00 1030.00 4 004 丁 1080.00 1200.00 2280.00 1320.00 960.00 1 001 甲 680.00 1320.00 2000.00 1100.00 900.00 3 003 丙 760.00 1100.00 1860.00 1000.00 860.00 6 006 己 760.00 1000.00 1760.00 1000.00 760.00 5 005 戊 680.00 890.00 1570.00 1100.00 470.00
高级排序：选定工资表，单击"数据"→"排序和筛选"→"排序"按钮，弹出"排序"对话框，此时可设定排序的主、次关键字，可依据数值大小、字母顺序、笔画多少等排列。例如，当两人的"应发工资"相同时，再根据其"姓名"的值进行"升序"排列	排序 添加条件(A)　删除条件(D)　复制条件(C)　▲ ▼　选项(O)... ☑数据包含标题(H) 列　　　　排序依据　　次序 主要关键字 应发工资　数值　　降序 次要关键字 姓名　　　数值　　升序 确定　取消

三、任务拓展

在掌握了对单一关键字段进行排序的前提下，我们可以采用更复杂的高级排序，对多个关键字进行组合排序。另外，熟练掌握各类关键字的排序，是熟练应用 Excel 的前提，也是学习"分类汇总"的前提。

学习任务单

一、学习方法建议
预操作练习→听课（老师讲解、示范、拓展）→再操作练习→完成学习任务单
二、学习任务
1．按"实发工资"大小进行降序排列　☐
2．按"姓名"拼音首字母进行升序排列　☐
3．按"姓名"拼音首字母升序、"实发工资"大小降序进行组合排序　☐
三、困惑与建议

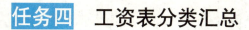

任务四 工资表分类汇总

一、任务导入

分类汇总是数据分析的重要手段之一，它可以将同类数据整合在一起，进行运算。本任务中我们依然以工资表为例进行说明。

二、任务实施

操作步骤见表4-5。

表4-5 操作步骤

步骤	说明或截图
插入"部门"字段，并添加内容：右击"基本工资"所在列的某个单元格，在弹出的快捷菜单中选择"插入"命令，弹出"插入"对话框，点选"整列"单选按钮，这样就在"姓名"与"基本工资"之间插入一个空白列，逐个选中单元格并输入内容"部门"	某学校职工工资表（插入对话框：插入 活动单元格右移(I) 活动单元格下移(D) 整行(R) 整列(C) 确定 取消） 某学校职工工资表 序号/工号/姓名/部门/基本工资/课时费/应发工资/公积金/实发工资：1 001 甲 办公室 680.00 1320.00 2000.00 1100.00 900.00；2 002 乙 学生处 930.00 1400.00 2330.00 1300.00 1030.00；3 003 丙 办公室 760.00 1100.00 1860.00 1000.00 860.00；4 004 丁 学生处 1080.00 1200.00 2280.00 1320.00 960.00；5 005 戊 办公室 680.00 890.00 1570.00 1100.00 470.00；6 006 己 招生办 760.00 1000.00 1760.00 1000.00 760.00
按"部门"对工资表进行排序：右击"部门"所在列的任何一个单元格，在弹出的快捷菜单中选择"排序"→"升序"命令	某学校职工工资表 1 001 甲 办公室 680.00 1320.00 2000.00 1100.00 900.00；3 003 丙 办公室 760.00 1100.00 1860.00 1000.00 860.00；5 005 戊 办公室 680.00 890.00 1570.00 1100.00 470.00；2 002 乙 学生处 930.00 1400.00 2330.00 1300.00 1030.00；4 004 丁 学生处 1080.00 1200.00 2280.00 1320.00 960.00；6 006 己 招生办 760.00 1000.00 1760.00 1000.00 760.00

步骤	说明或截图
将光标置于表中的任何一个单元格中，单击"数据"→"分级显示"→"分类汇总"按钮，在弹出的"分类汇总"对话框中，将分类字段设置为"部门"，汇总方式设置为"求和"，选中除"部门"外的全部数值型列，并选中"汇总结果显示在数据下方"复选框，单击"确定"按钮，出现三级显示的"分类汇总"结果，单击左侧的"1"、"2"、"3"按钮，可分级显示汇总表的结果	
单击左侧的"2"按钮，出现二级显示的"分类汇总"结果，再重新设定表的格式及数据，得到按"部门"的分类汇总表	

三、任务拓展

数据分级显示有利于在工作中准确快速地统计所需的数据，统计完成后，若要取消分类汇总中的数据分级显示，可选择"数据"→"分级显示"→"取消组合"→"清除分级显示"命令，以完成对原始数据的恢复。恢复后的效果如图4-4所示。

图4-4　清除分级显示

学习任务单

一、学习方法建议	
预操作练习→听课（老师讲解、示范、拓展）→再操作练习→完成学习任务单	
二、学习任务	
1．插入一列数据	☐
2．对该列数据进行升、降序排列	☐
3．按指定的分类字段进行"分类汇总"	☐
4．整理"分类汇总"表	☐
5．取消数据分级显示	☐
三、困惑与建议	

任务五　工资表筛选

一、任务导入

通常在一张表格中会保存许多记录，我们在使用表格时，仅需要显示满足条件的部分记录即可，此时就要用到数据"筛选"操作，图4-5所示为按"推荐单位"筛选的结果。

图 4-5　数据筛选

新编计算机应用基础

二、任务实施

操作步骤见表4-6。

表4-6　操作步骤

步骤	说明或截图
基本筛选：将光标置于工资表中的某一数据单元格，选择"开始"→"编辑"→"排序和筛选"→"筛选"命令，从而在各列就添加了"筛选"控制按钮	
单击"筛选"控制按钮，选择"数字筛选（或文本筛选）"→"自定义筛选"命令，可在弹出的"自定义自动筛选方式"对话框中对"筛选"条件灵活加以设置	
选择"开始"→"编辑"→"排序和筛选"→"筛选"命令，可取消"筛选"控制按钮设置	
进行高级筛选：首先要构造一个条件区域，如"应发工资 >=2000"，然后单击"数据"→"排序和筛选"→"高级"按钮	
按照列表区域、条件区域的设定，可在原地或新的位置显示筛选的结果	

64

三、任务拓展

在"自动筛选"过程中，会弹出"自定义自动筛选方式"对话框。它用于我们进一步设置筛选条件。我们可根据数据处理需要，合理设置相关条件，如图4-6所示。筛选结束后，如需清除，可直接利用"编辑"选项组中的"清除"按钮来恢复数据。

图 4-6　构造逻辑表达式

学习任务单

一、学习方法建议	
预操作练习→听课（老师讲解、示范、拓展）→再操作练习→完成学习任务单	
二、学习任务	
1．基本筛选	☐
2．自定义筛选	☐
3．取消筛选	☐
4．按条件区域的设定显示筛选结果	☐
5．按列表区域	☐
三、困惑与建议	

任务六　工资表的图形化表示

一、任务导入

以图形化方式表现数据往往比列表更加直观、明了，如图4-7所示，Excel 也为我们提供了这样的功能。本任务我们将学习如何把数据转化成图表。

某学校职工工资表

序号	工号	姓名	基本工资	课时费	应发工资	公积金	实发工资
1	001	甲	680.00	1320.00	2000.00	1100.00	900.00
2	002	乙	930.00	1400.00	2330.00	1300.00	1030.00
3	003	丙	760.00	1100.00	1860.00	1000.00	860.00
4	004	丁	1080.00	1200.00	2280.00	1320.00	960.00
5	005	戊	680.00	890.00	1570.00	1100.00	470.00
6	006	己	760.00	1000.00	1760.00	1000.00	760.00

实发工资

己 15%　甲 18%　乙 21%　丙 17%　丁 19%　戊 10%

图 4-7　数据图表

二、任务实施

操作步骤见表 4-7。

表 4-7　操作步骤

步骤	说明或截图
按住 Ctrl 键，选定姓名、实发工资两列数据	**某学校职工工资表** 序号 / 工号 / 姓名 / 部门 / 基本工资 / 课时费 / 应发工资 / 公积金 / 实发工资 1　001　甲　办公室　680.00　1320.00　2000.00　1100.00　900.00 2　002　乙　学生处　930.00　1400.00　2330.00　1300.00　1030.00 3　003　丙　办公室　760.00　1100.00　1860.00　1000.00　860.00 4　004　丁　学生处　1080.00　1200.00　2280.00　1320.00　960.00 5　005　戊　办公室　680.00　890.00　1570.00　1100.00　470.00 6　006　己　招生办　760.00　1000.00　1760.00　1000.00　760.00
选择"插入"→"图表"→"插入柱形图"→"二维柱形图 - 簇状柱形图"命令，将柱形图插入当前位置	**实发工资**（柱形图）

续表

步骤	说明或截图
单击"设计"→"图表样式"按钮，选择某一预设的样式，完成柱形图的制作	
按住 Ctrl 键，再次选定姓名、课时费两列数据	
选择"插入"→"图表"→"插入饼图或圆环图"→"二维饼图-饼图"命令，将饼图插入当前位置	
单击"设计"→"图表样式"按钮，选择某一预设的样式，完成饼图的制作	

三、任务拓展

生成的初始图表样式比较单一，图表元素、图表样式和图表筛选器位于选定的图表右侧，通过对这三方面的设置，可对图表做进一步的更改和美化，如图4-8所示。

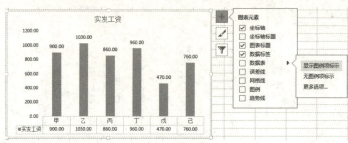

(a) 图表元素

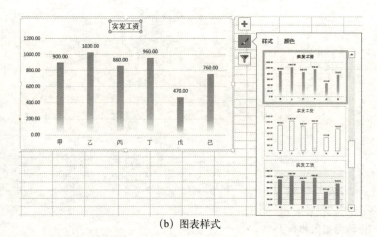

(b) 图表样式

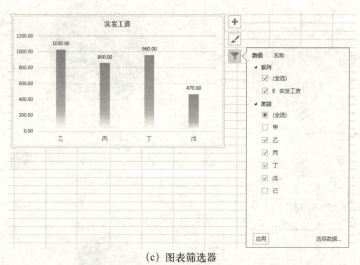

(c) 图表筛选器

图4-8　图表元素、图表样式和图表筛选器

一、学习方法建议	
预操作练习→听课（老师讲解、示范、拓展）→再操作练习→完成学习任务单	
二、学习任务	
1. 选定数据	☐
2. 设置柱形图	☐
3. 设置饼图	☐
4. 设置图表元素	☐
5. 设置图表样式	☐
6. 设置图表筛选器	☐
三、困惑与建议	

任务七　制作销售统计表

一、任务导入

　　任务一至任务六中我们分段学习了 Excel 的不同功能，本任务中我们将综合之前的知识，完成一份销售统计表的制作，如表 4-8 所示。

表 4-8　奥迪汽车配件销售月报表

日期	订单号	名称	数量	单价	金额	备注
2014/11/3	124481108421	高压油泵	1	¥10.00	¥10.00	
2014/11/4	124480574991	方向机球头（外）	3	¥180.00	¥540.00	
2014/11/5	124410437692	蓄电池	2	¥700.00	¥1 400.00	
2014/11/6	124410437692	蓄电池	1	¥520.00	¥520.00	
2014/11/7	124412666948	雨量传感器	5	¥260.00	¥1 300.00	

二、任务实施

　　操作步骤见表 4-9。

表4-9　操作步骤

步骤	说明或截图
新建一张商品销售月报表	 奥迪汽车配件销售月报表 日期　订单号　名称　数量　单价　金额　备注 2014/11/3 124481108421 高压油泵 1 ¥10.00 2014/11/4 124480574991 方向机球头（外）3 ¥180.00 2014/11/5 124410437692 蓄电池 2 ¥700.00 2014/11/6 124410437692 蓄电池 1 ¥520.00 2014/11/7 124412666948 雨量传感器 5 ¥260.00
对表格进行美化，对齐数据、设置格线、调整字号等	
编辑公式"金额＝单价＊数量"，完成一个单元格的数据计算，复制公式，求出其他金额结果	
在表格的下方增加一行"合计"，用 SUM( ) 函数求出"金额"的汇总结果，合并相应的单元格并添加框线	
按住 Ctrl 键，选中汽车配件的名称、金额两列数据	
按汽车配件的名称和金额制作柱形图并调整图表样式	

三、任务拓展

　　日常生活中，我们可以见到各种不同类型的表格。它们的表头往往十分复杂，仔细观察图 4-9 的表格，尝试分析并制作这个表格，尤其是复杂的表头部分。

根据有关账户的上期末余额填列

总账（多栏式，按会计科目分设专栏）
201×年×月

根据计算后的结果填列

应借\应贷\科目\科目	期初余额		现金	银行存款	物资采购	原材料	……	借方本期发生额合计	期末余额	
	借方	贷方							借方	贷方
现金				3000②				3000		
银行存款		2000①						2000		
物资采购		4000③						4000		
原材料					4000④			4000		
（以下略）										
贷方本期发生额合计			5000	9000	4000		……	120000		

根据各竖栏有关账户的本期发生额计算填列

各类经济业务汇总后所涉及的对应科目只需要在其横行与竖栏的交叉格内登记一个数字即可

根据各横行有关账户的本期发生额计算填列

业务说明：①将现金2000元存入银行。 ②从银行提取现金3000元。
③用银行存款支付购买材料价款4000元。 ④办理原材料4000元的验收入库手续。

图4-9 常见的报表表头

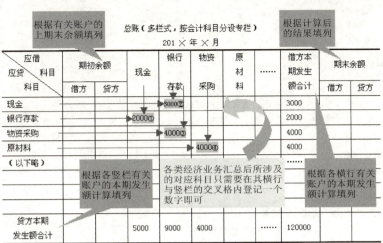

具体操作步骤见表4-10。

表4-10 操作步骤

步骤	说明或截图
输入表头文字，按Alt+Enter组合键，可实现在一个单元格内进行文字换行，再横向选定11个单元格，单击"合并后居中"按钮，完成标题文字的输入及居中排列	
在第二、三行上选定相应的单元格，做"合并后居中"操作，然后添加"所有框线"	
右击A2单元格，在弹出的快捷菜单中选择"设置单元格格式"命令，弹出"设置单元格格式"对话框，在"边框"选项卡中单击"斜线"按钮，完成表头斜线的添加	
输入文字，完成复杂的表头制作	

一、学习方法建议
预操作练习→听课（老师讲解、示范、拓展）→再操作练习→完成学习任务单
二、学习任务
1．新建销售月报表　　　　　　　　　　　　　　　　　□
2．设置单元格格式，添加框线　　　　　　　　　　　□
3．编辑公式，计算金额　　　　　　　　　　　　　　□
4．复制公式，求出全部金额计算结果　　　　　　　　□
5．添加"合计"一行，求出"金额"的汇总结果　　　□
6．依据名称、金额两列数据，制作图表（柱形图或饼图）□
7．设计与制作复杂表头　　　　　　　　　　　　　　□
三、困惑与建议

任务八　　自定义序列和条件格式

一、任务导入

　　如果我们在工作中经常需要按照固定的序列进行数据统计，那么我们可以通过本任务学习在 Excel 中自定义序列和条件格式的功能，简化工作程序，减少工作中人为产生的错误。利用序列输入可大大提高效率，而条件格式则能将满足条件的单元格以特定的颜色显示，如表 4-11 所示。

表 4-11　12 秋初高职汽制 03 班成绩登记表

序号	姓名	汽车拆装与调整	焊接工艺	汽车电气	汽车销售实用教程	汽车底盘构造	Photoshop
1	王鹏	89	77	78	87	79	77
2	钱梦捷	67	54	78	90	69	56
3	张伟	69	65	87	70	55	65
4	黎志高	75	60	80	80	60	95
5	刘海	58	70	70	60	90	74
6	李军	85	80	60	90	69	55
7	朱涛	80	60	50	70	87	87

二、任务实施

操作步骤见表4-12。

表4-12 操作步骤

步骤	说明或截图
单击"文件"→"选项"→"高级"→"编辑自定义列表"按钮,可看到预设的全部"自定义序列"	
在其中输入新的序列内容,单击"添加"按钮,完成新序列的定义	
在单元格中输入序列中的某一个名称,再将光标移至单元格的右下角,待光标呈黑色"+"符号时,拖动鼠标,即可完成序列的自动填充	12秋初高职汽制03班成绩登记表
设定条件格式:首先选定数据区域,选择"开始"→"样式"→"条件格式"→"突出显示单元格规则"中的某一命令,在弹出的"新建格式规则"对话框中输入相应的值,这样满足条件的单元格将以指定的填充色及文本颜色突出显示。例如,成绩不及格(60分)以下的,用黄底红字显示	12秋初高职汽制03班成绩登记表

三、任务拓展

右击 Excel 工作簿上的工作表标签，会弹出一个快捷菜单，其中包括了工作表的增减、重命名、移动等命令，如图 4-10 所示。利用这些命令可实现工作表的增减、重命名、移动等。

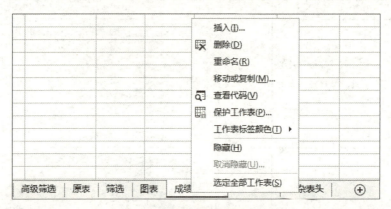

图 4-10　工作簿标签快捷菜单

学习任务单

一、学习方法建议	
预操作练习→听课（老师讲解、示范、拓展）→再操作练习→完成学习任务单	
二、学习任务	
1．编辑自定义列表	☐
2．"添加"新序列	☐
3．在单元格中填充序列	☐
4．设定条件格式——突出显示单元格规则	☐
5．设置单元格填充颜色及字体颜色	☐
三、困惑与建议	

制作演示文稿

任务一　用模板做演示文稿

一、任务导入

PowerPoint 是 Office 的演示文档软件，教学课件、产品报告、动感影集等均可由 PowerPoint 演示文稿制作，本任务将介绍用模板制作演示文稿的方法。

二、任务实施

操作步骤见表 5-1。

表 5-1　操作步骤

步骤	说明或截图
启动 PowerPoint 软件,选择"文件"→"新建"命令,出现演示文稿预设的模板和主题,选择其中之一,如"环保"主题模板,再单击"创建"按钮,以模板的方式快速创建一个演示文稿	
按屏幕提示添加主、副标题,完成封面页的设计	
单击"开始"→"幻灯片"→"新建幻灯片"按钮,插入一张新的幻灯片,按提示添加标题、文本,单击"插入"→"图像"→"图片"按钮,插入本地"图片库"中的一张图片,调整其位置和大小,完成第二张幻灯片的制作	插入新的幻灯片 制作第二张幻灯片

续表

步骤	说明或截图
单击"开始"→"幻灯片"→"新建幻灯片"按钮，再插入一张新的幻灯片，按提示添加标题、文本，单击"插入"→"联机图片"按钮，从Office.com剪贴画库中搜索一张图片，将其插入当前位置，再调整其位置和大小，完成第三张幻灯片的制作	 Office.com 剪贴画库  制作第三张幻灯片
单击"幻灯片放映"→"开始放映幻灯片"→"从头开始"按钮，观看演示文稿的播放效果	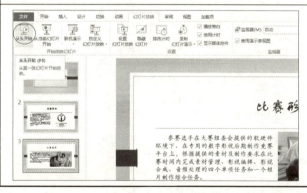

三、任务拓展

同 Word 软件一样，PowerPoint 也拥有众联机模板和主题、联机图片等，操作步骤如下：

启动 PowerPoint，选择"文件"→"新建"命令，在"搜索联机模板和主题"文本框中输入要搜索的关键字，如"教育"，单击"开始搜索"按钮，出现图 5-1 所示的画面，单击某一个模板的缩略图，单击"创建"按钮，即可按模板创建一个新的演示文稿。

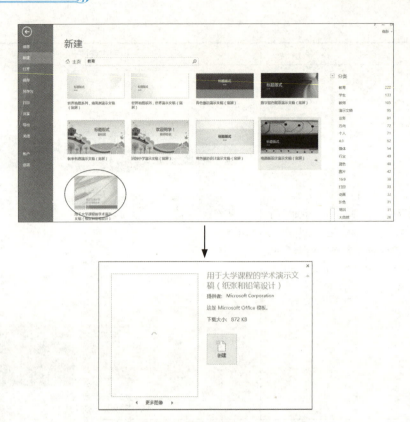

图 5-1　联机模板和主题

学习任务单

一、学习方法建议	
预操作练习→听课（老师讲解、示范、拓展）→再操作练习→完成学习任务单	
二、学习任务	
1．搜索 PowerPoint 联机模板和主题	☐
2．输入标题、表头、数据	☐
3．在文本框中输入主、副标题	☐
4．对文本框内容进行排版	☐
5．插入本地图片	☐
6．插入联机图片	☐
7．从头开始播放幻灯片	☐
三、困惑与建议	

任务二　导出演示文稿

一、任务导入

在之前的几个版本中，PowerPoint 可导出的文件版本很少，但在 PowerPoint 2010 之后的版本中增加了 MP4、WMV 等视频文件的"导出"功能，这令本款软件的应用范围变得更加广泛。本任务中我们主要学习这个功能，如图 5-2 所示。

图 5-2　导出视频

二、任务实施

操作步骤见表 5-2。

表 5-2　操作步骤

步骤	说明或截图
选择"文件"→"导出"→"更改文件类型"命令，可将当前的演示文稿以较早的 .ppt 格式、默认的 .pptx 格式等多种格式保存	

步骤	说明或截图
选择"文件"→"导出"→"创建 PDF/XPS 文档"命令，可将当前的演示文稿以 .pdf 格式加以保存	数字影视后期制作技术 导出 创建 PDF/XPS 文档 创建视频 将演示文稿打包成 CD 创建讲义 创建 PDF/XPS 文档 ■ 保留布局、格式、字体和图像 ■ 内容不能轻易更改 ■ Web 上提供了免费查看器 创建 PDF/XPS
选择"文件"→"导出"→"创建视频"命令，再单击"创建视频"按钮，可将当前演示文稿以 MP4、WMV 等视频文件进行"导出"，以方便在数字电视、手机、Pad 及网络等多种场合下使用	导出 创建 PDF/XPS 文档 创建视频 将演示文稿打包成 CD 创建讲义 更改文件类型 创建视频 将演示文稿另存为可刻录到光盘、上载到 Web 或发送电子邮件的视频 ■ 包含所有录制的计时、旁白和激光笔势 ■ 保留动画、切换和媒体 ❓ 获取有关将幻灯片放映视频刻录到 DVD 或将其上载到 Web 的帮助 计算机和 HD 显示 用于在计算机显示器、投影仪或高分辨率显示器上查看最大 - 1280 x 720） 不要使用录制的计时和旁白 未录制任何计时或旁白 放映每张幻灯片的秒数：05.00 创建视频

三、任务拓展

MP4 和 WMV 都是视频文件格式，因此我们可以使用 PowerPoint 进行微视频（微电影）制作，操作步骤如下：

（1）选定全体幻灯片，在"切换"选项卡中设置好两两幻灯片的"转场"效果。

（2）依次选定各个对象，在"动画"选项卡中设置好对象的"动画"效果。

（3）选择"文件"→"导出"→"创建视频"命令，单击"创建视频"按钮，此时，可将当前演示文稿以 MP4 视频文件格式进行"导出"，如图 5-3 所示。

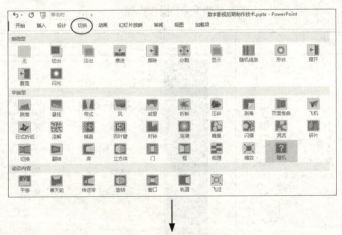

图 5-3　微视频制作

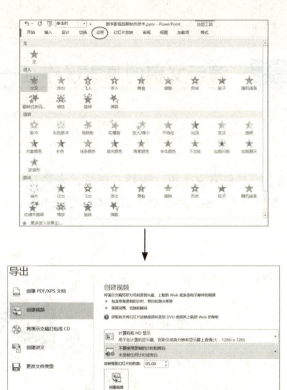

图 5-3　微视频制作（续）

学习任务单

一、学习方法建议	
预操作练习→听课（老师讲解、示范、拓展）→再操作练习→完成学习任务单	
二、学习任务	
1. 实现 .ppt、.pptx、.ppsx 等多种格式输出	☐
2. 创建 .pdf 格式的文件	☐
3. 在文本框中输入主、副标题	☐
4. 创建 MP4、WMV 格式的视频文件	☐
5. 熟悉"切换"选项卡	☐
6. 熟悉"动画"选项卡	☐
三、困惑与建议	

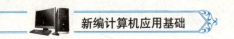

任务三 演示文稿的基本操作（一）

一、任务导入

常见的演示文稿中的对象有文本框、表格、图片、音频及视频等，所有对象均可设置"动画"效果，如图5-4所示。本任务中我们重点学习如何在演示文稿中添加这些项目。

图5-4 演示文稿中的对象

二、任务实施

操作步骤见表5-3。

表5-3 操作步骤

步骤	说明或截图
启动PowerPoint，从一个空白的演示文稿开始着手，在预设的主、副标题文本框中输入内容	项目三 我的PowerPoint作业

步骤	说明或截图
选择"开始"→"新建幻灯片"命令，插入一张空白幻灯片，在预设的主、副标题文本框中输入目录、条目等相关内容	
继续插入一张新的幻灯片，在主文本框中输入标题"任务一 我的表格"，在副文本框中插入表格，输入行、列数后，完成表格插入，在"设计"→"表格样式"中，可对表格进行美化处理	
继续插入一张新的幻灯片，在主文本框中输入标题"任务二 我的照片"，在副文本框中插入一张或多张"图片"或"联机图片"，调节其大小及位置，完成制作	

三、任务拓展

常规的演示文稿往往以图片、文字内容为主，但添加音频则可以丰富我们的演示文稿，为演示文稿的展示增添了多样性。添加及设置幻灯片背景音乐，操作步骤见表5-4。

表5-4　操作步骤

步骤	说明或截图
选定第一张幻灯片，选择"插入"→"媒体"→"音频"→"PC上的音频"命令	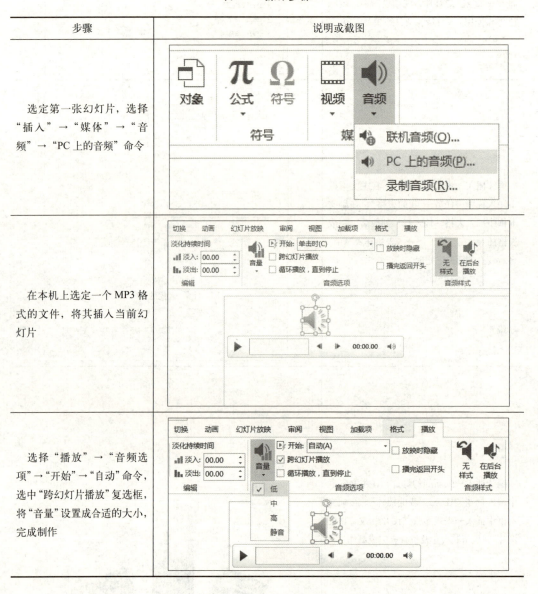
在本机上选定一个MP3格式的文件，将其插入当前幻灯片	
选择"播放"→"音频选项"→"开始"→"自动"命令，选中"跨幻灯片播放"复选框，将"音量"设置成合适的大小，完成制作	

学习任务单

一、学习方法建议
预操作练习→听课（老师讲解、示范、拓展）→再操作练习→完成学习任务单

二、学习任务

1．编辑文本框　　　　　　　　　　　　☐
2．插入新幻灯片　　　　　　　　　　　☐
3．插入并编辑表格　　　　　　　　　　☐
4．插入并编辑图片　　　　　　　　　　☐
5．插入音频　　　　　　　　　　　　　☐
6．设置音频为连续播放的背景音乐　　　☐

三、困惑与建议

任务四　演示文稿的基本操作（二）

一、任务导入

通常幻灯片每一页上都有一些相同的元素，如背景图片、页眉、页脚等，本任务中我们重点学习将公共元素通过幻灯片母版进行设计，如图5-5所示。

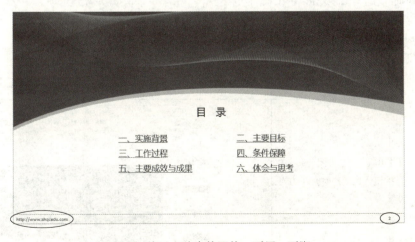

图 5-5　演示文稿中的图片、页眉、页脚

二、任务实施

操作步骤见表 5-5。

表 5-5　操作步骤

步骤	说明或截图
右击幻灯片的空白区域，在弹出的快捷菜单中选择"设置背景格式"命令，在打开的泊坞窗中点选"填充"→"图片或纹理填充"单选按钮，插入图片来自"文件"，选择一张图片作为幻灯片的背景，单击"全部应用"按钮，完成幻灯片背景设置	
单击"视图"→"母版视图"→"幻灯片母版"按钮，进入幻灯片的母版编辑界面，选中左侧最上方的"Office 主题幻灯片母版"	
单击"插入"→"文本"→"页眉和页脚"按钮，在弹出的"页眉和页脚"对话框中，将日期和时间、幻灯片编号选中，在日期的"固定"文本框中输入网址"http://www.ahqcedu.com"，最后单击"全部应用"按钮	
单击"幻灯片母版"→"关闭"→"关闭母版视图"按钮，完成幻灯片下方页脚等统一的设置	

三、任务拓展

在上一个任务中，我们拓展学习了如何在演示文稿中添加音频，本任务中我们继续来拓展学习如何在演示文稿中添加视频。插入视频文件（MP4、WMV 等）的操作步骤见表 5-6。

表 5-6　操作步骤

步骤	说明或截图
选定第一张幻灯片，选择"插入"→"媒体"→"视频"→"PC 上的视频"命令	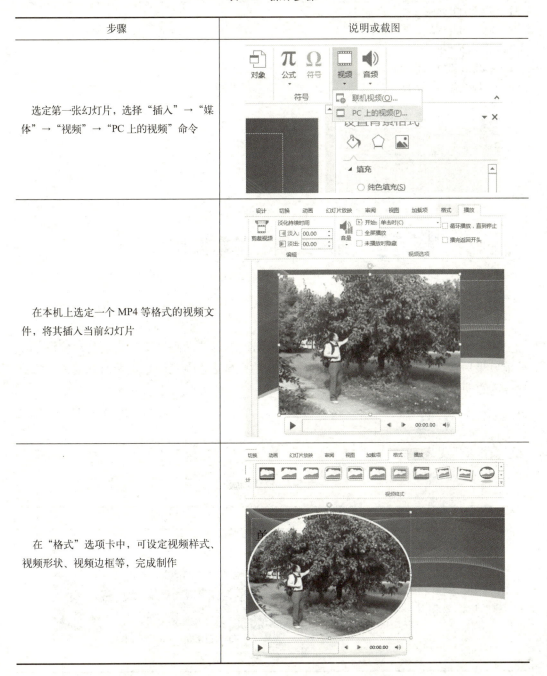
在本机上选定一个 MP4 等格式的视频文件，将其插入当前幻灯片	
在"格式"选项卡中，可设定视频样式、视频形状、视频边框等，完成制作	

学习任务单

一、学习方法建议	
预操作练习→听课（老师讲解、示范、拓展）→再操作练习→完成学习任务单	
二、学习任务	
1．设置幻灯片背景	☐
2．设置幻灯片母版	☐
3．插入"页眉和页脚"	☐
4．在母版上添加"日期和时间"	☐
5．在母版上添加"幻灯片编号"	☐
6．插入视频	☐
7．设置视频样式、视频边框	☐
三、困惑与建议	

任务五　演示文稿的基本操作（三）

一、任务导入

　　演示文稿的文本框、表格、图片等对象均可进行"动画"设计，当为对象添加了动画效果后，该对象就应用了默认的动画格式。本任务中我们重点学习如何为对象添加合适的动画效果。

二、任务实施

　　操作步骤见表 5-7。

表 5-7　操作步骤

步骤	说明或截图
选中文本框等对象，单击"动画"→"动画"中预设的"动画"按钮，为对象指定一种"动画"效果，如"出现"动画效果	

步骤	说明或截图
修改对象的"动画"效果：单击"动画"→"高级动画"→"动画窗格"按钮，在打开的"动画窗格"泊坞窗中完成	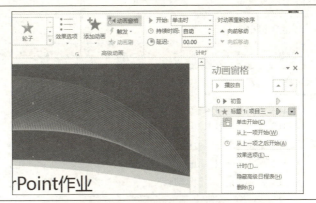
在"动画窗格"泊坞窗中单击动画对象最右边向下的箭头，弹出下拉菜单，选择"效果选项"命令，弹出相应的动画对象设置对话框。 以"出现"动画为例，在"出现"对话框中可将"动画播放后"设置为"按字母"，同时将"字母之间延迟秒数"设置成"0.2"，完成标题文本"出现"的动画效果设置	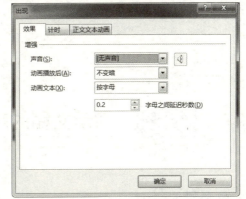

三、任务拓展

动画效果按照应用形式分为进入式、强调式和退出式，在选定对象后，更改进入、强调、退出的动画效果设定如图 5-6 所示。

图 5-6　进入、强调、退出动画效果

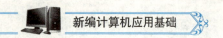

学习任务单

一、学习方法建议	
预操作练习→听课（老师讲解、示范、拓展）→再操作练习→完成学习任务单	
二、学习任务	
1．设置文本框"出现"动画（整批发送）	☐
2．设置文本框"出现"动画（按字母）	☐
3．设置表格"缩放"动画	☐
4．设置图片"飞入"动画	☐
5．在"动画窗格"中预览动画设定效果	☐
三、困惑与建议	

任务六　演示文稿的基本操作（四）

一、任务导入

除动画效果外，通常所见幻灯片在"转场"时的百叶窗、翻页、闪耀等动态效果，是通过"切换"选项卡中的功能按钮来完成的，如图 5-7 所示。本任务中我们重点学习这个部分的内容。

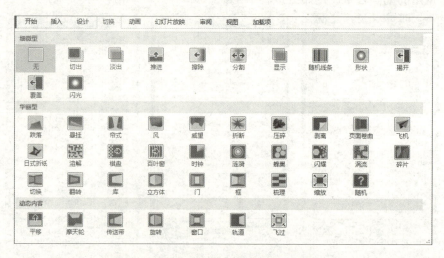

图 5-7　演示文稿中预设"切换"动画

二、任务实施

操作步骤见表5-8。

表 5-8　操作步骤

步骤	说明或截图
选中一张幻灯片,选择"切换"选项卡,在预设的各种"切换"效果中选择其一,完成两两幻灯片"转场"的效果设置,如"悬挂"	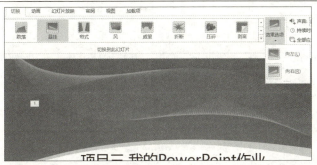
单击"切换"→"切换到此幻灯片"→"效果选项"按钮,可对"切换"的动画效果做进一步的设置	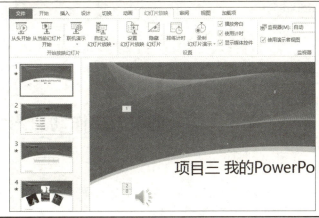
其他幻灯片的"切换"动画效果设置与前类似;单击"幻灯片放映"→"开始放映幻灯片"→"从头开始"(F5)或"从当前幻灯片开始"(Shift+F5)按钮,播放演示文稿	

三、任务拓展

幻灯片"切换"动画效果有几十种之多,为了得到意想不到的动画效果,可设定幻灯片的切换为"随机",如图5-8所示。

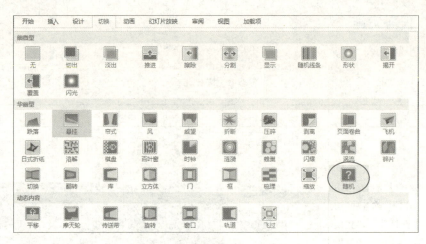

图 5-8　"随机"切换动画

学习任务单

一、学习方法建议	
预操作练习→听课（老师讲解、示范、拓展）→再操作练习→完成学习任务单	
二、学习任务	
1. 设置单张幻灯片"切换"动画	☐
2. 设置"切换"动画"效果选项"	☐
3. 设置全部幻灯片"随机"切换动画	☐
三、困惑与建议	

任务七　制作动感影集

一、任务导入

　　动感影集是一种以图片为主要素材制作而成的，较为特殊的演示文稿形式，本任务中我们重点分析其制作方法，并学习如何制作动感影集。

二、任务实施

　　操作步骤见表 5-9。

表 5-9　操作步骤

步骤	说明或截图
新建一个演示文稿，单击"插入"→"图像"→"相册"按钮，弹出"相册"对话框，选择作为相册中的一组图片，单击"创建"按钮	
在"相册"对话框中可调整图片的排列顺序、图片旋转等，单击"创建"按钮，完成"相册"的初步制作	
更改母版默认的黑色背景，单击"视图"→"母版视图"→"幻灯片母版"按钮，选中左侧最上方的一张幻灯片，单击"幻灯片母版"→"背景"→"背景样式"按钮，将其设置成"渐变"填充效果，再单击"全部应用"按钮	
使用文本框，给每一张相片添加文字标题，选中全部幻灯片，单击"切换"→"切换到此幻灯片"→"随机"按钮	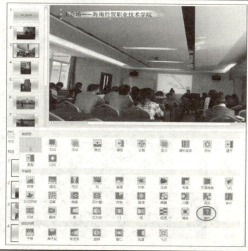

续表

步骤	说明或截图
回到第一张幻灯片，单击"插入"→"媒体"→"音频"按钮，添加背景音乐，"开始"设置为"自动"，选中"跨幻灯片播放"复选框	
选择"文件"→"导出"→"创建视频"命令，单击"创建视频"按钮，完成一个动感影集的制作	

三、任务拓展

在幻灯片播放时，右击，在弹出的快捷菜单中选择"显示演示者视图"命令，可在演播者的界面上看到幻灯片的备注文字、下一张幻灯片预览图等，主投影幕布上则只显示当前正在播放的幻灯片画面，如图 5-9 所示。

图 5-9　演示者视图

学习任务单

一、学习方法建议
预操作练习→听课（老师讲解、示范、拓展）→再操作练习→完成学习任务单

二、学习任务	
1．在相册中插入图片	☐
2．调整相册中图片的顺序及旋转	☐
3．更改幻灯片母版的背景	☐
4．用文本框给幻灯片添加文字说明	☐
5．设置幻灯片"切换"效果	☐
6．给幻灯片添加能连续播放的背景音乐	☐
7．在幻灯片播放时切换到"演示者视图"模式	☐

三、困惑与建议

任务八　制作教学课件（一）

一、任务导入

老师们上课常用的教学课件、电子教案往往是使用演示文稿制作的，如图 5-10 所示。本任务中我们以电子教案为例，重点学习如何制作一个完整的教学演示文稿。

图 5-10　教学课件截图

二、任务实施

操作步骤见表 5-10。

表 5-10　操作步骤

步骤	说明或截图
新建一个演示文稿，单击"视图"→"母版视图"→"幻灯片母版"按钮，对母版进行编辑：设置背景格式，填充背景图片，设置页脚，添加幻灯片编号，完成母版设置	
输入标题，完成欢迎页（封面）设计；新建幻灯片，输入主、副标题作为目录页，然后对相应的条目添加超链接	设置欢迎页 设置目录页
新建幻灯片，输入文本、插入对象（表格、图片、音频和视频等），对应目录页的条目，完成多个内容页的设置	

三、任务拓展

电子教案中往往会有习题。我们可以通过拓展学习"超链接"功能，完成在线习题的答案呈现。在演示文稿中，尤以设置单项、多项选择题非常方便，具体操作步骤见表5-11。

表 5-11　操作步骤

步骤	说明或截图
新建一个习题页、一个正确页、一个错误页	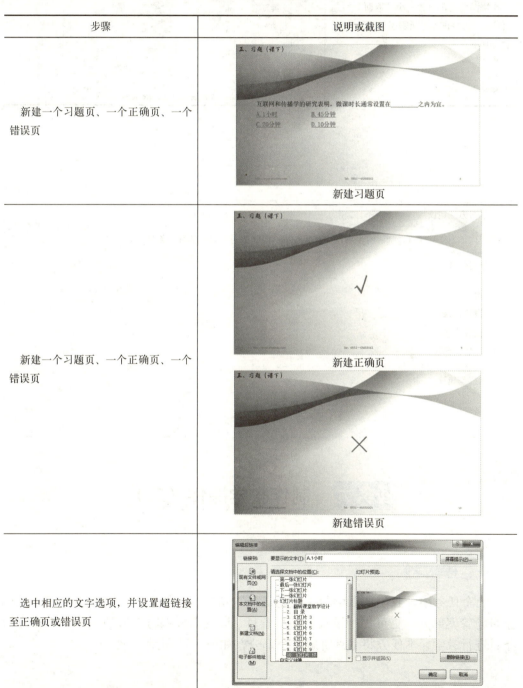 新建习题页
新建一个习题页、一个正确页、一个错误页	新建正确页 新建错误页
选中相应的文字选项，并设置超链接至正确页或错误页	

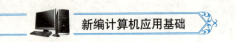

续表

步骤	说明或截图
在错误页上再设置一个"返回"习题页按钮,这样即便是做错还可返回重做,完成制作	

《 学习任务单 》

一、学习方法建议
预操作练习→听课(老师讲解、示范、拓展)→再操作练习→完成学习任务单
二、学习任务
1. 设置封面页　　　　　　　　　　　□
2. 设置目录页　　　　　　　　　　　□
3. 设置内容页　　　　　　　　　　　□
4. 设置习题页　　　　　　　　　　　□
三、困惑与建议

任务九　制作教学课件(二)

一、任务导入

上个任务中,我们拓展学习了"超链接"功能。"超链接"功能不只可以应用于习题答案部分,更可用于设置目录页条目,以便在授课时能方便地跳转至相应的条目进行教学,本任务将重点讲解这个部分,如图5-11所示。

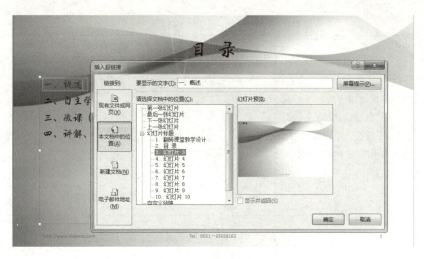

图 5-11 教学课件截图

二、任务实施

操作步骤见表 5-12。

表 5-12 操作步骤

步骤	说明或截图
单击选中目录页，逐个选中条目，右击，在弹出的快捷菜单中选择"超链接"命令	
在弹出的"插入超链接"对话框中单击链接到"本文档中的位置"，再单击相应的幻灯片，完成条目的超链接设置	

续表

步骤	说明或截图
回到相应的内容页,单击"插入"→"插图"→"形状"→"右弧形箭头"按钮,作为返回目录页的按钮,选中箭头,右击,在弹出的快捷菜单中选择"超链接"命令,将其返回目录页幻灯片	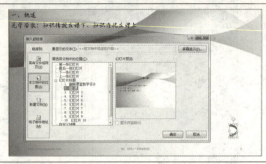
经过 2 和 3 两个步骤的设定,完成了目录页至内容页的链接跳转,此时可将带超链接的"右弧形箭头"复制到其他各个内容页	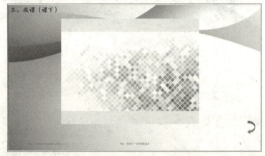
在 PowerPoint 中可插入三种类型的音频文件,即联机音频、PC 上的音频和录制音频,具体方法如下:单击"插入"→"媒体"→"音频"按钮,如果要将音频文件作为背景音乐,则必须在第一张幻灯片上插入音频,并设置成"跨幻灯片播放"	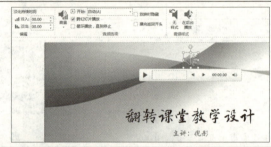

三、任务拓展

前面我们讲到的都是演示文稿内部"超链接"的设置,而我们不只要学会内部链接,也要学习如何设置外部超链接,具体操作步骤见表 5-13。

表 5-13　操作步骤

步骤	说明或截图
选中要链接的对象,右击,在弹出的快捷菜单中选择"超链接"命令,弹出相应的对话框	

续表

在对话框中单击"现有文件或网页"按钮，在"地址"文本框中输入网址，单击"确定"按钮，完成外部超链接的设置	
按 F5 键，从头开始播放演示文稿，当鼠标指针指向超链接的对象时，可看到超链接的网址，单击就可进行链接跳转	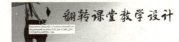

学习任务单

一、学习方法建议	
预操作练习→听课（老师讲解、示范、拓展）→再操作练习→完成学习任务单	
二、学习任务	
1．设置目录页到内容页的超链接	☐
2．设置背景音乐	☐
3．设置外部超链接	☐
三、困惑与建议	

项目六

处理数码相片

任务一　处理逆光相片

一、任务导入

ACDSee 是一款功能强大的数码相片管理软件，适用于各个领域。软件易上手，界面清晰简单，图 6-1 是 ACDSee 软件的图标。接下来，我们通过"处理逆光相片"来了解学习 ACDSee 的一些基本操作。

图 6-1　ACDSee 软件图标

二、任务实施

处理逆光相片，其操作步骤见表 6-1。

表 6-1　操作步骤

步骤	说明或截图
用 ACDSee 打开一张待修复的数码相片，如逆光照	

步骤	说明或截图
选择"修改"→"曝光"→"亮度"命令,打开"曝光"编辑面板,此时,可对曝光、对比度、填充光线三个选项进行调节,单击"完成"按钮返回主界面	 选择"修改"→"曝光"→"亮度"命令 "曝光"编辑面板
选择"修改"→"曝光"→"曲线"命令,打开"曲线"编辑面板,此时,可对曲线进行调节,单击"完成"按钮,返回主界面	 选择"修改"→"曝光"→"曲线"命令 "曲线"编辑面板

三、任务拓展

在修改相片的过程中，有时需要在要相片中插入文字，如拍摄的时间，地点等。ACDSee软件同样可以实现这一需求，操作步骤见表6-2。

表6-2　操作步骤

步骤	说明或截图
单击"编辑任务工具"→"添加文本"按钮，打开"添加文本"编辑面板	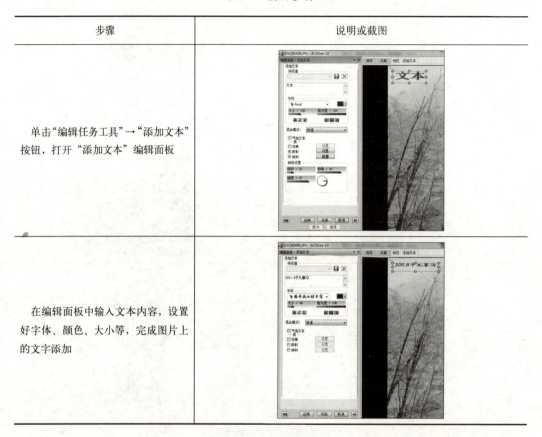
在编辑面板中输入文本内容，设置好字体、颜色、大小等，完成图片上的文字添加	

✦ 学习任务单 ✦

一、学习方法建议	
预操作练习→听课（老师讲解、示范、拓展）→再操作练习→完成学习任务单	
二、学习任务	
1. 调节数码相片亮度	☐
2. 调节数码相片曲线	☐
3. 在数码相片上添加文字	☐
三、困惑与建议	

任务二　处理暗黑相片

一、任务导入

在拍摄相片时，由于环境不同常常会遇到逆光，光线不均的状况下，拍出的相片常产生面部暗黑、光线不足等问题，如图6-2所示。在本任务中，我们将学习用ACDSee对数码相片进行修复。

　——面部暗黑

图6-2　待修复相片

二、任务实施

处理暗黑相片，其操作步骤见表6-3。

表6-3　操作步骤

步骤	说明或截图
用ACDSee打开一张待修复的数码相片，如面部暗黑的相片	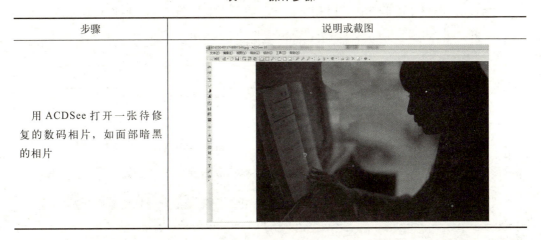

续表

步骤	说明或截图
选择"修改"→"曝光"→"阴影/高光"命令，打开"阴影/高光"编辑面板，在要调亮的区域上单击，此时画面将自动调亮。然后调节"调亮"、"调暗"两个选项，直到满意为止。单击"完成"按钮，即可完成"背光"相片的处理	
选择"修改"→"裁剪"命令，打开"裁剪"编辑面板，在其上可设定限制裁剪比例、宽度、高度等，单击"完成"按钮，即可对指定区域按设定的大小完成相片的裁剪	
选择"修改"→"调整大小"命令，打开"调整大小"编辑面板，在其上可设定宽度、高度、百分比等。单击"完成"按钮，重新调整相片大小	

三、任务拓展

单张图片调整完成后，还可以用 ACDSee 批量调整图像大小，操作步骤见表 6-4。

表 6-4　操作步骤

步骤	说明或截图
用 ACDSee 打开一个图像文件夹，可看到一批图片的缩略图	

续表

步骤	说明或截图
选定这一批图片,单击"批量调整图像大小"按钮,在弹出的"批量调整图像大小"对话框中设置以像素计的大小、宽度、保持原始的纵横比,最后单击"开始调整大小"按钮,完成批量调整图片大小操作	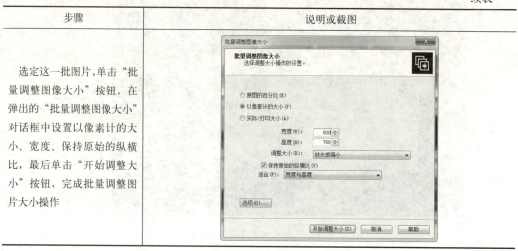

╭─ 学习任务单 ─╮

一、学习方法建议
预操作练习→听课（老师讲解、示范、拓展）→再操作练习→完成学习任务单
二、学习任务
1. 调节数码相片的阴影/高光　　☐　　 　2. 裁剪数码相片　　☐　　 　3. 批量调整数码相片大小　　☐
三、困惑与建议

任务三　处理水印相片

一、任务导入

　　从网站上下载的一些相片上往往会带有水印,为了方便使用,去除相片上的水印成为比较重要的一个环节。本任务学习如何去除相片上的水印,如图6-3所示。

水印标记

图 6-3　包含水印标记的图片

二、任务实施

去除相片上的水印，其操作步骤见表 6-5。

表 6-5　操作步骤

步骤	说明或截图
用 ACDSee 打开一张包含水印标记的数码相片	
选择"修改"→"相片修复"命令，打开"相片修复"编辑面板，其中有笔尖宽度、羽化两个选项，修复、克隆两个工具也位于其中	

步骤	说明或截图
使用这两个工具时，首先要右击图像以定义来源点，然后就可用工具对要修复的区域进行绘制，单击"完成"按钮，完成对相片的修复。 修复与克隆的区别：前者在复制源像素时对目标区域像素进行混合，后者则是直接复制源像素	

三、任务拓展

无论是从网络上下载的，还是自己拍摄的人像相片，都有可能会产生"红眼"问题，如何用 ACDSee 消除相片的"红眼"，操作步骤见表 6-6。

表 6-6　操作步骤

步骤	说明或截图
用 ACDSee 打开一张包含有"红眼"的图片	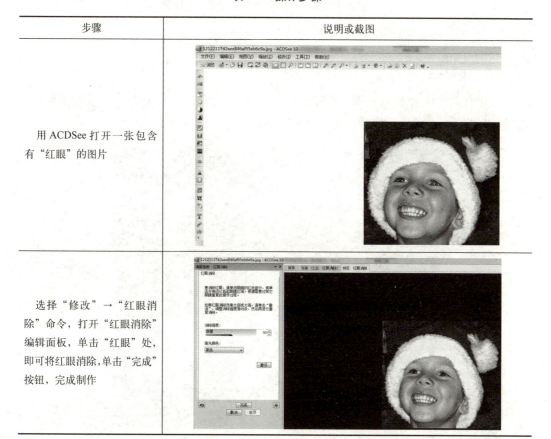
选择"修改"→"红眼消除"命令，打开"红眼消除"编辑面板，单击"红眼"处，即可将红眼消除，单击"完成"按钮，完成制作	

一、学习方法建议

　　预操作练习→听课（老师讲解、示范、拓展）→再操作练习→完成学习任务单

二、学习任务

　　1. 修复数码相片　　　　　　□

　　2. 克隆数码相片　　　　　　□

　　3. 对数码相片进行红眼消除　□

三、困惑与建议

任务四　处理相片效果

一、任务导入

　　相片有很多特殊效果处理的方法，如抽线条图效果、铅笔画效果、浮雕效果等，如图 6-4 所示。本任务重点学习如何使用这些效果来处理相片。

图 6-4　浮雕效果图片

二、任务实施

操作步骤见表6-7。

表6-7 操作步骤

步骤	说明或截图
用ACDSee打开一幅图片，选择"修改"→"效果"→"艺术"→"百叶窗"命令，在"百叶窗"编辑面板中设定叶片宽度为1~2，角度为90°，从而完成抽线条图效果设置	
用ACDSee打开一幅图片，选择"修改"→"颜色"→"HSL"命令，打开"HSL"编辑面板，将饱和度的值调整为－100，即完成"去色"效果；再选择"修改"→"效果"→"绘画"→"铅笔画"命令，得到铅笔画草稿	<p style="text-align:center">"HSL"编辑面板</p><p style="text-align:center">选择"修改"→"效果"→"绘画"→"铅笔画"命令</p>
选择"修改"→"曝光"→"色阶"命令，调整阴影和中间调的值，单击"完成"按钮，得到铅笔画图像	

步骤	说明或截图
用 ACDSee 打开一幅图片，选择"修改"→"颜色"→"HSL"命令，打开"HSL"编辑面板，将饱和度的值调整为-100，即完成去色效果；再选择"修改"→"效果"→"艺术"→"浮雕"命令，打开"浮雕"编辑面板，调整仰角、深浅、方位的值，得到浮雕效果图像	 选择"修改"→"效果"→"艺术"→"浮雕"命令 "浮雕"编辑面板

三、任务拓展

我们完成了对一张相片的浮雕效果处理。接下来，我们学习一下水滴效果的处理方法。水滴效果设置操作步骤见表6-8。

表6-8　操作步骤

步骤	说明或截图
用 ACDSee 打开一张图片	

续表

步骤	说明或截图
选择"修改"→"效果"→"自然"→"水滴"命令,打开"水滴"编辑面板,调整密度、半径和高度的值,单击"完成"按钮,完成制作	

学习任务单

一、学习方法建议
预操作练习→听课（老师讲解、示范、拓展）→再操作练习→完成学习任务单
二、学习任务
1. 设置数码相片的百叶窗特效　　　□
2. 设置数码相片的去色效果　　　　□
3. 设置数码相片的浮雕特效　　　　□
4. 设置数码相片的水滴特效　　　　□
三、困惑与建议

任务五　抠　　图

一、任务导入

抠图通常又称为"去背",是数码相片常见的一种处理方式,如图6-5所示。本任务重点学习如何通过"美图秀秀"软件抠取图片文件中的所需部分。

(a) 去背前

(b) 去背后

图 6-5　对比图

二、任务实施

操作步骤见表 6-9。

表 6-9　操作步骤

步骤	说明或截图
启动美图秀秀软件,单击"美化图片"按钮,打开一张待处理的图片	

续表

步骤	说明或截图
单击"抠图笔"工具，根据图片的具体情况，选择一种抠图模式：自动抠图、手动抠图或形状抠图，如自动抠图就是用抠图笔或删除笔在图片上随便画几道线即可将对象与背景分离	 抠图模式  "自动抠图"界面
单击"完成抠图"按钮，从而实现对图片的"去背"处理	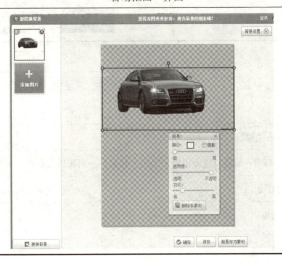

三、任务拓展

美图秀秀是一款操作简单的图片处理软件，其中许多功能应用起来十分简便，比如美图秀秀中的"消除笔"，就是去除图片中水印及 LOGO 的利器，具体使用的操作步骤见表 6-10。

表 6-10　操作步骤

步骤	说明或截图
用美图秀秀打开一张包含有文字及 LOGO 标记的图片，单击"消除笔"按钮，打开"消除笔"窗口	
用鼠标指针在文字及 LOGO 标记上涂抹，即可将标记去除，单击"应用"按钮，完成制作	

学习任务单

一、学习方法建议
预操作练习→听课（老师讲解、示范、拓展）→再操作练习→完成学习任务单
二、学习任务
1．自动抠图　　　　　　　□
2．手动抠图　　　　　　　□
3．形状抠图　　　　　　　□
4．使用消除笔　　　　　　□
三、困惑与建议

任务六 设置边框

一、任务导入

通过上一个任务，了解了"美图秀秀"软件的部分功能。而软件中的"边框"功能，可以对图片进行装饰，本任务就来重点学习这个功能，如图6-6所示。

(a) 无边框

(b) 有边框

图6-6　图片边框

二、任务实施

操作步骤见表6-11。

表6-11　操作步骤

步骤	说明或截图
启动美图秀秀软件，单击"美化图片"按钮，打开一张待加边框的图片	

续表

步骤	说明或截图
选择"边框"标签,从"边框"面板的左边选中要设定的边框类型,如简单边框、轻松边框和撕边边框等;在边框面板的右边选中要设定的边框样式,如热门、新鲜和会员独享等,正中可预览边框与图片结合效果。单击"确定"按钮,完成图片边框的设置	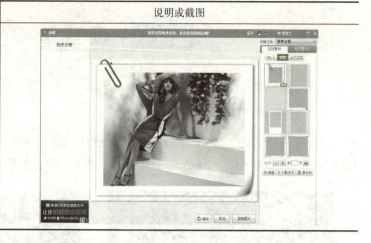

三、任务拓展

　　美图秀秀中的"图片拼接"是将多张图片艺术地加以排列并以一个整体的形式出现,它是另一种修饰图片,尤其适用于多张图片的拼图,具体使用的操作步骤见表 6-12。

表 6-12　操作步骤

步骤	说明或截图
启动美图秀秀软件,选择"拼图"标签,再单击"添加图片"按钮,添加一批图片准备拼接	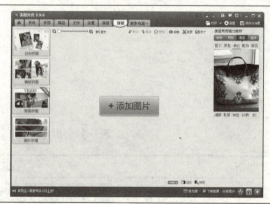
单击"全选"按钮,再单击"随机排版"按钮,这批图片将以不同的形式呈现,最后单击"确定"按钮,完成制作	

一、学习方法建议	
预操作练习→听课（老师讲解、示范、拓展）→再操作练习→完成学习任务单	
二、学习任务	
1．为图片添加简单边框	☐
2．为图片添加轻松边框	☐
3．为图片添加撕边边框	☐
4．图片拼接	☐
三、困惑与建议	

任务七　设置场景

一、任务导入

　　随机排版有时不一定能完全满足图片处理的需求，我们还需要将图片置于不同的场景中，以得到绚丽的效果，如图 6-7 所示。本任务重点学习如何为图片设置不同场景。

图 6-7　日历场景中的图片

二、任务实施

操作步骤见表 6-13。

表 6-13　操作步骤

步骤	说明或截图
启动美图秀秀软件,选择"场景"标签,打开一张待处理的图片	
从"场景"面板的左边选中要设定的场景类型,如静态场景中的逼真场景、拼图场景和日历场景等;在"场景"面板的右边选中要设定的场景样式,如热门、新鲜和会员独享等,正中可预览场景与图片结合效果。单击"确定"按钮,完成图片置于场景的设置	

三、任务拓展

"美图秀秀"除去以上介绍的几个功能之外,还有许多丰富的功能等待学习和开发。请浏览"美图秀秀"官网（http://xiuxiu.web.meitu.com/）,掌握图片处理技术的最新动态,主页如图 6-8 所示。

图 6-8　"美图秀秀"官网及网页版

学习任务单

一、学习方法建议
预操作练习→听课（老师讲解、示范、拓展）→再操作练习→完成学习任务单
二、学习任务

1. 设置静态场景　　　　　　☐
2. 设置拼图场景　　　　　　☐
3. 设置日历场景　　　　　　☐
4. 上网了解图片处理技术最新动态　☐

三、困惑与建议

任务八　　了解 Photoshop 软件

一、任务导入

　　Photoshop 简称 PS，是一款专业的图像处理软件，可以有效地进行图片编辑工作。本任务重点来了解一下 Photoshop 的功能界面。其桌面图标如图 6-9 所示。

图 6-9　Photoshop 图标

二、任务实施

　　操作步骤见表 6-14。

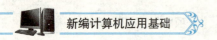

表 6-14   操作步骤

步骤	说明或截图
认识 Photoshop（PS） 界面组成	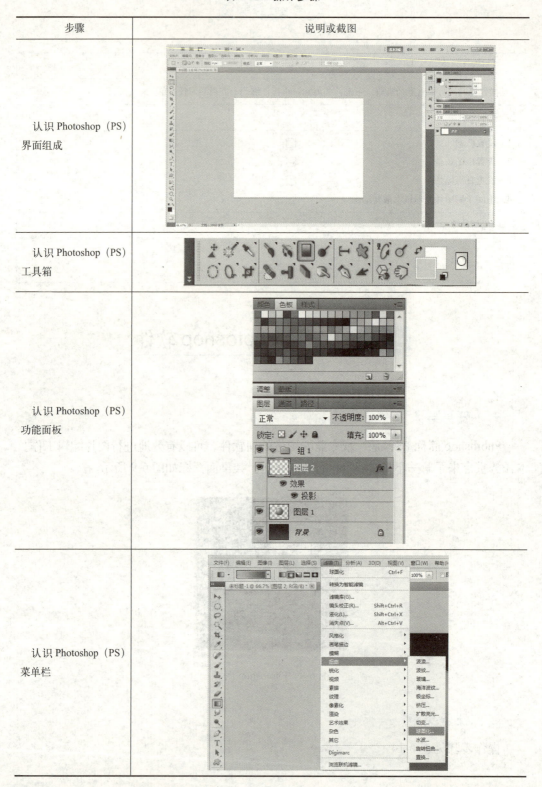
认识 Photoshop（PS） 工具箱	
认识 Photoshop（PS） 功能面板	
认识 Photoshop（PS） 菜单栏	

三、任务拓展

Photoshop 软件功能复杂，可实现大多数图片的处理要求。请在课后进行拓展学习。在此观摩一些优秀的作品，如图 6-10 所示。

（a）立体飘带：钢笔、文字、移动

（b）蓝色地球：渐变、通道、分层云彩、阈值、球面化

（c）卷页：3D、立方体、KPT 滤镜

（d）网页：切片、存储为 Web 和设备所用格式

（e）图书封面设计：自由变换、图层蒙版

（f）手提袋：钢笔、文字、自由变换

图 6-10　Photoshop 优秀作品展

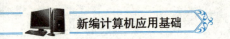

学习任务单

一、学习方法建议
预操作练习→听课（老师讲解、示范、拓展）→再操作练习→完成学习任务单
二、学习任务
1．了解 Photoshop 界面组成　　　　□ 　2．了解图层面板　　　　　　　　　□ 　3．了解通道面板　　　　　　　　　□ 　4．了解路径面板　　　　　　　　　□
三、困惑与建议

制作微视频

任务一　　了解微视频

一、任务导入

2012 年后，兴起了一种新型教学法——翻转课堂，是以微课（微视频）技术，和微视频为技术支撑，发展并风靡的 MOOC（慕课），如图 7-1 所示。本任务首先来学习微视频的前期设计和后期入口生成。

图 7-1　MOOC（慕课）截图

二、任务实施

操作步骤见表 7-1。

表 7-1　操作步骤

步骤	说明或截图
视频整体设计	新颖、有创意、生动有趣
编写旁白讲解	普通话要标准，语言要生动、幽默、富有感染力，节奏得当
制订学习目标	明确，只讲一个知识点，内容精练，讲透基本概念或突破重难点
把握时间安排	宜短不宜长，一般不超过 10 分钟
拍摄视频画面	清晰、音画同步，适当加字幕，不宜从头到尾加音乐、配字幕
安排互动设计	安排适当的提问引发思考，利用在线测试以检测知识掌握情况

三、任务拓展

视频是 MOOC 中不可或缺的一部分，如何将视频合理放置在 MOOC 中呢？二维码是一个不错的入口形式，接下来我们就学习一下如何生成二维码。操作步骤见表 7-2。

表 7-2　操作步骤

步骤	说明或截图
首先将微视频上传，得到相应的访问网址	
打开一个将网址生成为二维码的网页：输入网址，单击"生成二维码"按钮，在右侧可得到与输入网址所对应的二维码	输入网址 生成二维码

学习任务单

一、学习方法建议

预操作练习→听课（老师讲解、示范、拓展）→再操作练习→完成学习任务单

二、学习任务

1. 掌握微视频（微课）的概念　　□
2. 理解微视频是 MOOC 的技术支撑　　□
3. 设计微视频的内容　　□
4. 上传微视频获取网址　　□
5. 将网址生成二维码　　□

三、困惑与建议

任务二　认识制作微视频软件

一、任务导入

目前制作微视频（微课）的软件很多，如 Adobe Captivate、Corel 会声会影和 Tech-Smith Camtasia Studio，本任务中以功能全面且强大的 Camtasia Studio 软件为例进行介绍，Camtasia Studio 工作界面如图 7-2 所示。

图 7-2　Camtasia Studio 工作界面

二、任务实施

操作步骤见表 7-3。

表 7-3　操作步骤

步骤	说明或截图
安装 Camtasia Studio 8（断网状态下）	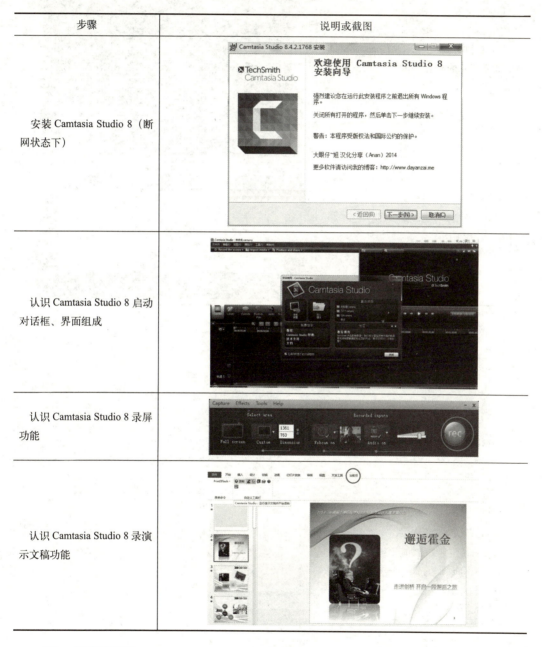
认识 Camtasia Studio 8 启动对话框、界面组成	
认识 Camtasia Studio 8 录屏功能	
认识 Camtasia Studio 8 录演示文稿功能	

三、任务拓展

在 Camtasia Studio 8 中可导入的媒体有三类：图像（.jpg 等）、音频（.mp3 等）、视频（.mp4 等），导入媒体的操作步骤见表 7-4。

表 7-4　操作步骤

步骤	说明或截图
导入媒体的方法之一：在 Camtasia Studio 启动时所显示的对话框中单击"导入媒体"按钮	
导入媒体的方法之二：在 Clip Bin（剪辑箱）上方的空白区右击，在弹出的快捷菜单中选择"导入媒体"命令	

学习任务单

一、学习方法建议
预操作练习→听课（老师讲解、示范、拓展）→再操作练习→完成学习任务单
二、学习任务
1．安装 Camtasia Studio 8　　　☐ 2．打开录屏功能面板　　　　　☐ 3．打开录演示文稿功能面板　　☐ 4．在 Camtasia Studio 中导入三类媒体　☐
三、困惑与建议

任务三 **录制演示文稿**

一、任务导入

观摩一个演示文稿录制型微课。图 7-3 所示为演示文稿录制型微课截图。本任务学习如何通过 Camtasia Studio 录制演示文稿。

图 7-3 演示文稿录制型微课截图

二、任务实施

操作步骤见表 7-5。

表 7-5 操作步骤

步骤	说明或截图
打开一个已设计好的演示文稿	

续表

步骤	说明或截图
单击"加载项"→"自定义工具栏"→"录制"按钮，运行 PPT 并准备录制	
单击"点击开始录制"按钮开始录制	
按 Esc 键停止录制并准备生成录像	
以指定的尺寸、格式保存录制结果	

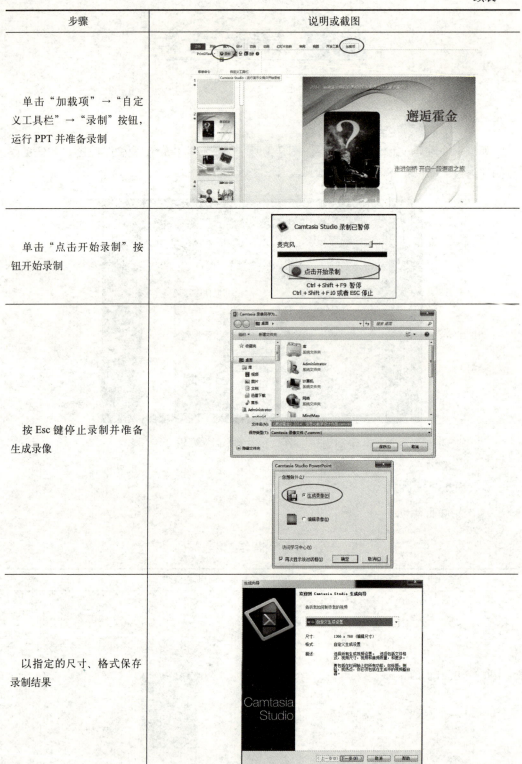

三、任务拓展

有时我们会根据授课需要调整录像的属性，在 Camtasia Studio 8 中自定义录像的尺寸和格式，操作步骤见表 7-6。

表 7-6 操作步骤

步骤	说明或截图
在"生成向导"对话框中,选择"自定义生成设置"命令,单击"下一步"按钮	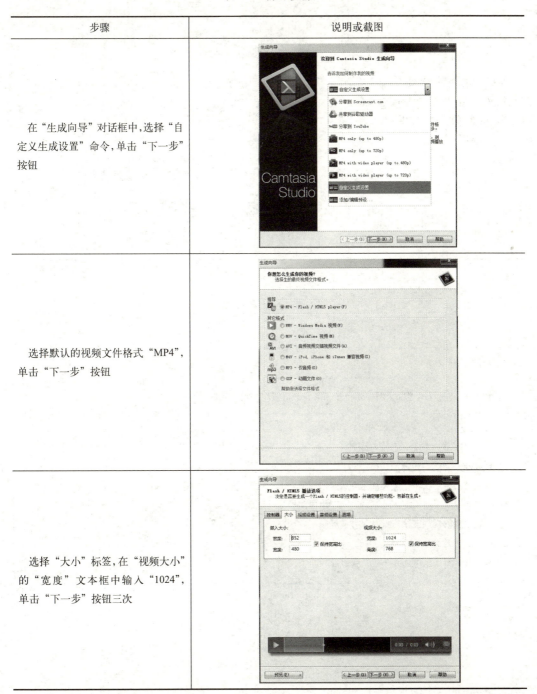
选择默认的视频文件格式"MP4",单击"下一步"按钮	
选择"大小"标签,在"视频大小"的"宽度"文本框中输入"1024",单击"下一步"按钮三次	

续表

步骤	说明或截图
进入"生成向导"的最后一步，单击"完成"按钮，开始进入项目"渲染"，等进度条至100%时，完成制作	

学习任务单

一、学习方法建议
预操作练习→听课（老师讲解、示范、拓展）→再操作练习→完成学习任务单
二、学习任务
1. 打开演示文稿，找到加载项　　　　　　　　　　　　　　　　　☐
2. 单击"录制"按钮，进入演示文稿录制　　　　　　　　　　　　☐
3. 按 Esc 键结束演示文稿录制，进入"生成向导"对话框　　　　　☐
4. 指定生成的视频文件格式及尺寸　　　　　　　　　　　　　　☐
三、困惑与建议

任务四　录制操作

一、任务导入

现比较常见的微视频，如《用微课学：计算机应用基础》，绝大多数都是用 Camtasia Studio 8 录制屏幕完成的，录制效果如图 7-4 所示。本任务学习如何进行录制操作。

图 7-4　屏幕录制型微课截图

二、任务实施

操作步骤见表 7-7。

表 7-7　操作步骤

步骤	说明或截图
启动 Camtasia Studio 8，单击"录制屏幕"（Record the Screen）按钮	

续表

步骤	说明或截图
选择录制区域（Select Area），单击红色的 rec（录制）按钮或按 F9 键开始录制	
录制完毕，按 F10 键停止录制，弹出"Preview"（预览）对话框	
单击"存储并编辑"（Save and Edit）按钮，进入 Camtasia Studio 8 的编辑界面，此时，可设定影片尺寸、背景颜色、摄像头的位置等	
编辑完成,选择"文件"→"生成并共享"命令,弹出"生成向导"对话框	

续表

步骤	说明或截图
选择：自定义生成设置、指定影片的格式、尺寸等，渲染后生成影片	

三、任务拓展

本项目开始之初，我们已经介绍过，除了 Camtasia Studio 之外，Adobe Captivate 也是不错的微视频制作软件，其操作方式、编辑界面均与 Adobe Photoshop 类似，如图 7-5 所示。请拓展学习 Adobe Captivate 的操作。

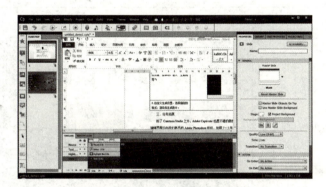

图 7-5　Adobe Captivate 编辑界面

学习任务单

一、学习方法建议
预操作练习→听课（老师讲解、示范、拓展）→再操作练习→完成学习任务单

二、学习任务

1. 启动 Camtasia Studio 8，单击"录制屏幕"按钮，进入录屏　☐
2. 选择录制区域，并调整好摄像头及麦克风　☐
3. 按 F9 键开始录制　☐
4. 录制完毕，按 F10 键结束录制，进入编辑状态　☐
5. 按指定的视频文件格式及尺寸生成影片　☐

三、困惑与建议

任务五　轨道编辑（一）

一、任务导入

用 Camtasia Studio 8 可以制作电子相册，本任务重点学习如何通过软件中的轨道对导入的音频、图片等素材进行处理。

二、任务实施

操作步骤见表 7-8。

表 7-8　操作步骤

步骤	说明或截图
启动 Camtasia Studio 8，首先导入一组图片，如 .jpg 格式的文件	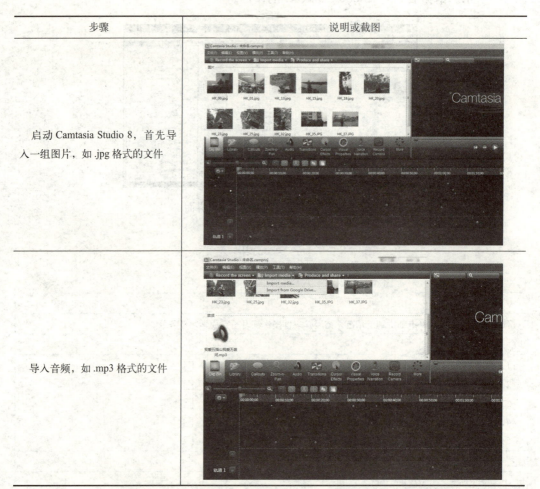
导入音频，如 .mp3 格式的文件	

续表

步骤	说明或截图
导入视频，如 .mp4 格式的文件	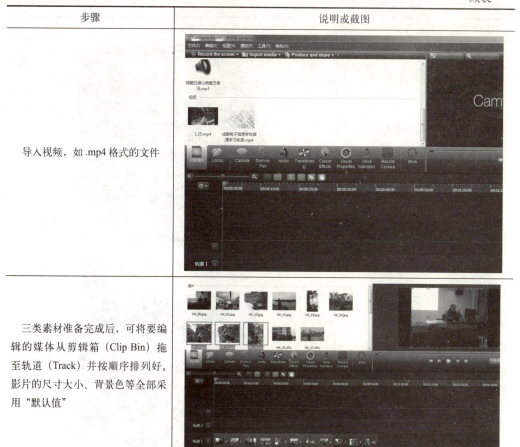
三类素材准备完成后，可将要编辑的媒体从剪辑箱（Clip Bin）拖至轨道（Track）并按顺序排列好。影片的尺寸大小、背景色等全部采用"默认值"	
图片、视频可放于同一轨道之上，音频则放于另一轨道上，编辑后作为背景音乐使用	

三、任务拓展

　　有时候我们需要将素材拆分成几个部分使用，在 Camtasia Studio 8 中，可对视频、音频、图片文件进行多段切割，具体操作步骤见表 7-9。

表7-9　操作步骤

步骤	说明或截图
选定一段视频，拖动播放头至指定的位置，按S键（Split），完成分割，如将视频在1分20秒处分割	
将播放头移至1分30秒处，按S键（Split），继续分割，以此类推。 　　注意：可用键盘上的左右方向键，对时间刻度进行"微调"	

学习任务单

一、学习方法建议
预操作练习→听课（老师讲解、示范、拓展）→再操作练习→完成学习任务单
二、学习任务
1．启动 Camtasia Studio 8，导入图片　　□ 　　2．导入音频　　□ 　　3．导入视频　　□ 　　4．在轨道上排列好各个媒体　　□ 　　5．对选定的媒体进行多段分割　　□
三、困惑与建议

任务六　　轨道编辑（二）

一、任务导入

图片、视频等媒体在转场时出现的百叶窗、滚轮等动态效果也可以在 Camtasia Studio 8 的轨道中进行编辑，如图 7-6 所示。本任务就来学习转场动画的插入。

图 7-6　转场效果示意图

二、任务实施

操作步骤见表 7-10。

表 7-10　操作步骤

步骤	说明或截图
单击"Transitions"（转场）按钮，出现各类预设的"转场"按钮，双击按钮，可预览转场（Transitions）效果	

步骤	说明或截图
按住某一个预设的"转场"按钮，将其拖至轨道（Track）的两两媒体结合处，即可完成转场效果设置	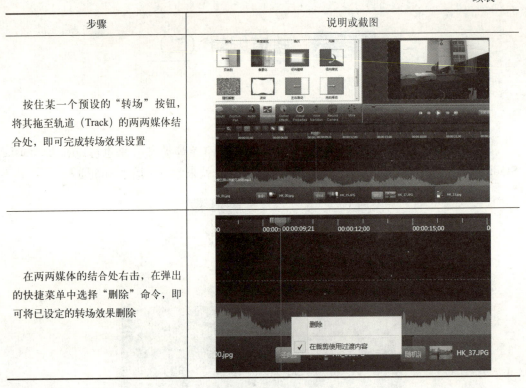
在两两媒体的结合处右击，在弹出的快捷菜单中选择"删除"命令，即可将已设定的转场效果删除	

三、任务拓展

插入的音频、视频等素材，往往需要更细化的处理。选定对象之后，我们可以通过右击弹出相应的功能菜单，在功能菜单里进行所需操作，其具体操作步骤见表 7-11。

表 7-11　操作步骤

步骤	说明或截图
选定图片对象，右击弹出功能菜单，其上可设置图片在场景中的"持续时间"，通过"更新媒体"实现对图片的更换等	剪切　　　　Ctrl+X 复制　　　　Ctrl+C 粘贴　　　　Ctrl+V 删除 复制可视化属性 粘贴可视化属性 组　　　　　Ctrl+G 取消编组　　Ctrl+U 添加资源到库 剪辑速度... 持续时间... 更新媒体...

续表

步骤	说明或截图
选定音频对象，右击弹出功能菜单，其上可通过"编辑音频"，对音量大小进行调整，通过"更新媒体"对音频进行更换	剪切　Ctrl+X 复制　Ctrl+C 粘贴　Ctrl+V 删除 组　Ctrl+G 取消编组　Ctrl+U 编辑音频... 添加资源到库 剪辑速度... 更新媒体... 应用语音到文本 添加音频点
选定视频对象，右击弹出功能菜单，其上可通过"编辑音频"，对音量大小进行调整，通过"独立视频和音频"对视频和音频进行"分离"	剪切　Ctrl+X 复制　Ctrl+C 粘贴　Ctrl+V 删除 复制可视化属性 粘贴可视化属性 组　Ctrl+G 取消编组　Ctrl+U 编辑音频... 添加资源到库 剪辑速度... 扩展帧　E 独立视频和音频 更新媒体... 应用语音到文本 添加音频点

学习任务单

一、学习方法建议
预操作练习→听课（老师讲解、示范、拓展）→再操作练习→完成学习任务单

二、学习任务

1. 在图片之间设置转场效果　☐
2. 在视频之间设置转场效果　☐
3. 在图片和视频之间设置转场效果　☐
4. 删除转场效果　☐
5. 选定视频对象，"分离"视频和音频　☐

三、困惑与建议

任务七　轨道编辑（三）

一、任务导入

除转场动画外，常见到的图片缩放或摇摄动画效果也是在轨道编辑中完成的，如图 7-7 所示。本任务重点学习动画效果的插入。

图 7-7　"Zoom and Pan"（变焦和摇摄）效果截图

二、任务实施

操作步骤见表 7-12。

表 7-12　操作步骤

步骤	说明或截图
将图片拖动至轨道（Track）并按顺序排列好	
双击某一图片，将播放头移至图片的最左侧，再单击"Zoom and Pan"（变焦和摇摄）按钮，调整图片的尺寸大小，完成一段动画的设置。 注意：每一段动画均以一段箭线表示，箭线的长短代表了动画的时间	

续表

步骤	说明或截图
移动播放头至图片上新的位置，再次调整图片的尺寸大小，完成另一段动画设置	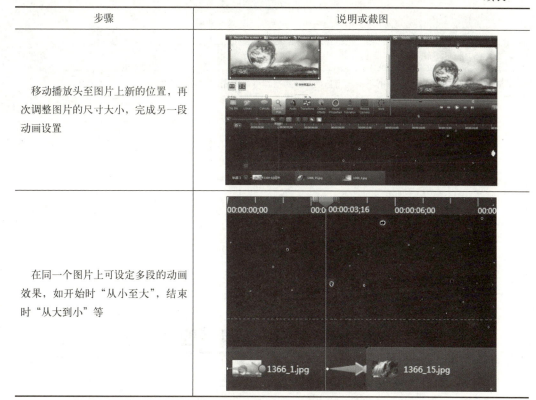
在同一个图片上可设定多段的动画效果，如开始时"从小至大"，结束时"从大到小"等	

三、任务拓展

变焦和摇摄（Zoom and Pan）的高级操作是视觉特性（Visual Properties），这点在双击动画箭线时能得到验证，是之前操作的拓展，如图7-8所示。

图7-8　双击动画箭线画面

学习任务单

一、学习方法建议
预操作练习→听课（老师讲解、示范、拓展）→再操作练习→完成学习任务单
二、学习任务
1. 在轨道上导入并排列好媒体   ☐
2. 选定对象，添加一段 Zoom and Pan 动画箭线   ☐
3. 设置"从小至大"动画箭线   ☐
4. 设置"从大至小"动画箭线   ☐
5. 双击动画箭线，查看 Visual Properties 属性   ☐
三、困惑与建议

任务八   轨道编辑（四）

一、任务导入

图片的尺寸、不透明度、位置、旋转等属性变化效果，这些都能在视觉特性（Visual Properties）中加以设定，如图 7-9 所示。本任务学习视觉特性的设置和插入。

图 7-9   Visual Properties 截图

二、任务实施

操作步骤见表 7-13。

表 7-13　操作步骤

步骤	说明或截图
将图片拖动至轨道（Track）并按顺序排列好	
双击某一图片，将播放头移至图片的最左侧，单击"Visual Properties"（视觉特性）按钮，再单击"添加动画"按钮，添加一段动画至图片上	
拉长图片上的动画箭线，移动播放头至箭线的首尾，分别设定好图片的尺寸、不透明度、位置、旋转等不同属性，即可完成图片上的一段动画制作	拉长动画箭线 动画制作

续表

步骤	说明或截图
在同一个图片上设定多段的动画效果，如开始时"从小至大、从淡至现"，结束时"从大到小、从现至淡"等	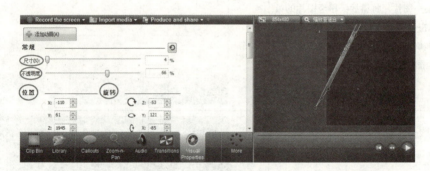

三、任务拓展

除上述步骤外，我们还可以设定图片的尺寸、不透明度、位置、旋转等动画的综合属性，这是之前设定的部分的拓展，如图 7-10 所示。

图 7-10　动画的综合属性设定

学习任务单

一、学习方法建议	
预操作练习→听课（老师讲解、示范、拓展）→再操作练习→完成学习任务单	
二、学习任务	
1. 在轨道上导入并排列好图片	☐
2. 选定对象，添加一段"Visual Properties"动画箭线	☐
3. 设置"从小至大、从淡至现"动画箭线	☐
4. 设置"从大至小、从现至淡"动画箭线	☐
5. Visual Properties 综合属性设置	☐
三、困惑与建议	

任务九　添加片头、片尾及字幕

一、任务导入

观摩一个完整的微课实例，了解微课的片头、片尾及字幕的构成。本任务学习如何制作片头、片尾及字幕。

二、任务实施

操作步骤见表7-14。

表7-14　操作步骤

步骤	说明或截图
完成媒体导入及动画设计	
单击"Library"（库）按钮，打开预设的若干音乐（Music）、主题（Theme）和标题（Title）库文件夹	
展开库中的文件夹，将动画标题（Animated Title）或基本标题（Basic Title）拖动至轨道（Track），调整好各对象相应的位置。双击标题（Title）项目，可对其中的文本属性进行编辑，从而完成片头、片尾制作	

步骤	说明或截图
单击"Callouts"（外观标注）按钮，打开相应的功能面板，选择一种预设的"形状"，然后单击"添加标注"按钮，即可将预设的标注添加至轨道（Track）。双击"标注"按钮，可对其中的文本属性进行编辑，编辑好文本后可将其调整至相应的位置，设置好持续的时间，完成制作	

三、任务拓展

"Callouts"（外观标注）功能面板中有预设的"形状"，打开全部形状后可任意选择，根据需要进行调整。操作步骤见表7-15。

表 7-15　操作步骤

步骤	说明或截图
单击"Callouts"（外观标注）按钮，打开相应的功能面板，单击"形状"下拉列表右边第三个箭头按钮，展开在"标注"中预设的全部形状	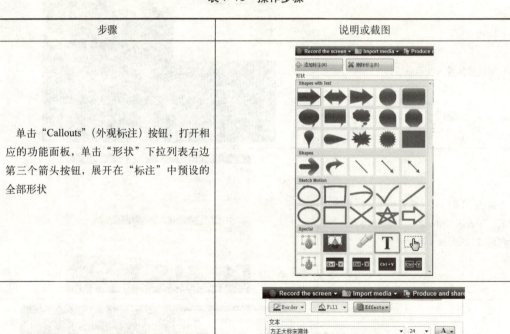
拖动"Callouts"（外观标注）窗口右侧的滚动条，可看到边框、填充、效果、文本、属性等设定区域	

学习任务单

一、学习方法建议	
预操作练习→听课（老师讲解、示范、拓展）→再操作练习→完成学习任务单	
二、学习任务	
1．打开"Library"（库）面板，浏览其组成	☐
2．添加片头	☐
3．添加片尾	☐
4．添加标识（字幕）	☐
5．设置"Callouts"（外观标注）形状及属性	☐
三、困惑与建议	

组建小型办公室或家庭网络

任务一　设置 Windows 7 网络连接

一、任务导入

当计算机操作系统启动成功后，最重要的一件事就是让它可以连接到互联网，图 8-1 为网页截图。本任务重点学习如何设置网络连接。

图 8-1　网页截图

二、任务实施

操作步骤见表 8-1。

表 8-1　操作步骤

步骤	说明或截图
单击任务栏上的"开始"按钮，在"搜索程序和文件"文本框中输入"ncpa.cpl"，出现相应的程序文件，单击，即可打开"网络连接"窗口	"网络连接"窗口

续表

步骤	说明或截图
单击任务栏上的"开始"按钮，选择"控制面板"→"网络和 Internet"→"网络和共享中心"→"更改适配器设置"命令，打开"网络连接"窗口	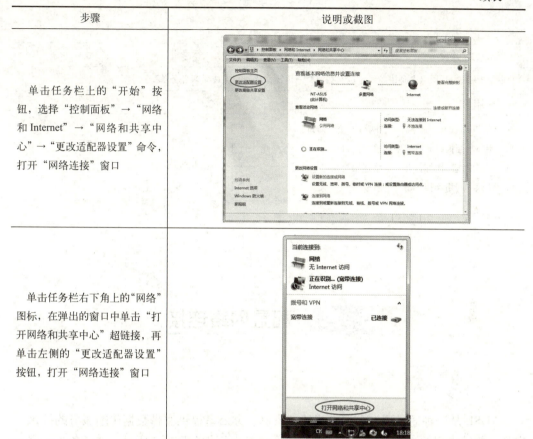
单击任务栏右下角上的"网络"图标，在弹出的窗口中单击"打开网络和共享中心"超链接，再单击左侧的"更改适配器设置"按钮，打开"网络连接"窗口	

三、任务拓展

接下来了解"网络连接"窗口中的内容。在"网络连接"窗口中，通常包括三个部分：本地连接（有线网络）、宽带连接（DSL）、无线网络连接（WiFi），如图 8-2 所示。根据网络环境选择操作，完成网络连接。

图 8-2　"网络连接"窗口

学习任务单

一、学习方法建议
预操作练习→听课（老师讲解、示范、拓展）→再操作练习→完成学习任务单

二、学习任务

1. 用"ncpa.cpl"命令打开"网络连接"窗口	☐
2. 用控制面板打开"网络连接"窗口	☐
3. 用"网络"图标打开"网络连接"窗口	☐
4. 认识"网络连接"窗口的组成	☐

三、困惑与建议

任务二　配置网络连接

一、任务导入

ADSL 是一种通过现有普通电话线为家庭、办公室提供宽带数据传输服务的技术，也是目前较常用的一种网络连接方式之一，连接对话框如图 8-3 所示。本任务重点来学习如何配置网络连接。

图 8-3　连接对话框

二、任务实施

操作步骤见表 8-2。

表 8-2　操作步骤

步骤	说明或截图
单击"网络"图标，在弹出的窗口中单击"打开网络和共享中心"超链接	
单击"更改网络设置"→"设置新的连接或网络"超链接，选择"连接到 Internet"命令，然后单击"下一步"按钮	
在选择一个连接选项中，选择"宽带（PPPoE）"，使用需要用户名和密码的 DSL 或电缆连接，然后单击"下一步"按钮	
输入上网所需的用户名、密码，单击"连接"按钮，完成 ADSL 网络连接设置	

三、任务拓展

在"网络和共享中心"窗口中单击"连接或断开连接"超链接，可查看网络连接信息；单击"查到完整映射"超链接，可查看网络映射信息，如图8-4所示。

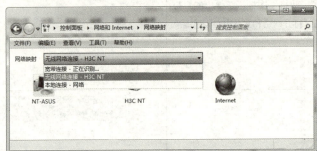

图 8-4　网络连接、网络映射信息

学习任务单

一、学习方法建议
预操作练习→听课（老师讲解、示范、拓展）→再操作练习→完成学习任务单

二、学习任务	
1．打开"网络和共享中心"窗口	☐
2．设置"宽带（PPPoE）"用户名、密码	☐
3．查看网络连接信息	☐
4．查看网络映射信息	☐

三、困惑与建议

任务三　查看和设置 IP 地址

一、任务导入

在一些特定的网络环境中，必须设置 IP 地址才能完成计算机到 Internet 的连接，如图8-5所示。本任务重点学习如何查看和设置自己的 IP 地址。

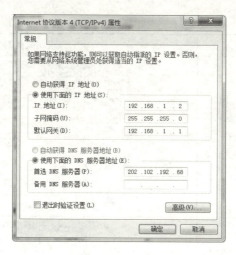

图 8-5　IPv4 属性

二、任务实施

操作步骤见表 8-3。

表 8-3　操作步骤

步骤	说明或截图
查看本机的 IP 地址，通常有以下两种方法： （1）单击任务栏上的"开始"按钮，在"搜索程序和文件"文本框中输入命令"CMD"，弹出一个对话框，再输入命令"ipconfig"，即可查看本机的 IPv4 地址等信息。 （2）单击任务栏右下角的"网络"图标，单击"打开网络和共享中心"超链接，单击"查看活动网络"→"访问类型：Internet 连接"超链接，弹出"宽带连接状态"对话框，再选择"详细信息"选项卡，即可查看本机的 IPv4 地址等信息	

续表

步骤	说明或截图
单击任务栏右下角的"网络"图标，在弹出的窗口中单击"打开网络和共享中心"超链接，再单击左侧的"更改适配器设置"超链接，打开"网络连接"窗口	
在相应的连接图标上右击，在弹出的快捷菜单中选择"属性"命令，双击"Internet 协议版本 4（TCP/IPv4）"条目，输入相应的 IP 地址，即可完成设置	

三、任务拓展

互联网上有千百万台主机，为了区分这些主机，人们给每台主机都分配了一个专门的"地址"作为标识，称为 IP 地址。

IP 地址是由一个 4 段 8 位的二进制数所构成，通常用"点分十进制"表示成 a.b.c.d 的形式，其中，a、b、c、d 都是 0 ～ 255 之间的十进制整数。例如，点分十进制 IP 地址"100.4.5.7"，实际上就是 32 位的二进制数（01100100.00000100.00000101.00000111）。

学习任务单

一、学习方法建议	
预操作练习→听课（老师讲解、示范、拓展）→再操作练习→完成学习任务单	
二、学习任务	
1．用命令方式查看本机的 IP 地址	☐
2．用"详细信息"方式查看本机的 IP 地址	☐
3．设置本机 IP 地址	☐
4．了解 IP 地址构成规则	☐
三、困惑与建议	

任务四 共享文件和打印机

一、任务导入

局域网范围内的资源共享设置可大大节约成本,提高设备利用率,如共享文件或共享打印机。共享打印机的设置界面如图8-6所示。

在本任务将学习如何通过共享选项实现文件和打印机的局域共享。

图 8-6 网络打印机端口设置

二、任务实施

操作步骤见表8-4。

表 8-4 操作步骤

步骤	说明或截图
单击任务栏右下角"网络"图标,再单击"打开网络和共享中心"超链接,打开"网络和共享中心"窗口	

步骤	说明或截图
单击"更改网络设置"→"选择家庭组和共享选项"超链接，打开"家庭组"窗口	
单击"更改高级共享设置…"超链接，打开"高级共享设置"窗口，分两方面进行设置： （1）家庭或工作（当前配置文件）：启用网络发现、启用文件和打印机共享。 （2）公用：启用网络发现、启用文件和打印机共享。 单击"保存修改"按钮，完成"共享文件和打印机"设置	

三、任务拓展

打印机设置完毕后，我们还可以尝试设置"文件和文件夹"共享，具体操作步骤见表 8-5。

表 8-5　操作步骤

步骤	说明或截图
选定文件或文件夹，右击，在弹出的快捷菜单中选择"属性"命令，弹出相应的对话框	

续表

步骤	说明或截图
选择"共享"标签，打开"网络文件和文件夹共享"设置面板	
单击"高级共享"按钮，弹出"高级共享"对话框，此处，可输入文件夹的共享名。 单击"权限"按钮，弹出相应的对话框，此处可添加用户及分配权限 单击"确定"、"应用"按钮，完成"共享文件夹"的设置	

《 学习任务单 》

一、学习方法建议
预操作练习→听课（老师讲解、示范、拓展）→再操作练习→完成学习任务单
二、学习任务
1. 打开"家庭组"窗口　　☐ 2. 打开"高级共享设置"窗口　　☐ 3. 配置"家庭或工作"　　☐ 4. 配置"公用"　　☐ 5. 设置"文件夹"共享　　☐
三、困惑与建议

<h1>任务五　设置 WiFi 热点</h1>

<h2>一、任务导入</h2>

计算机通过设置可变为 WiFi 热点，手机、Pad 等均可通过计算机连接 WiFi，免费无线上网，如图 8-7 所示。本任务将学习借助 360 公司旗下产品实现这一功能。

图 8-7　电脑 WiFi 热点

<h2>二、任务实施</h2>

操作步骤见表 8-6。

表 8-6　操作步骤

步骤	说明或截图
安装 360 安全卫士软件，以 V10.0 版本为例	

续表

步骤	说明或截图
单击任务栏右下角"360 安全卫士"图标，再单击"更多"按钮，在"全部工具"中找到"360 免费 WiFi"程序，单击进行安装，完成后桌面出现"360 免费 WiFi"图标	
双击"360 免费 WiFi"图标，运行程序，输入 WiFi 名称及连接密码，完成 WiFi 热点设置	

三、任务拓展

360 安全卫士其他实用工具软件有文件恢复、驱动大师等，具体使用说明见表 8-7。我们可根据计算机状况尝试使用。

表 8-7　使用说明

使用说明	截图
"360 文件恢复"是很实用的软件，它可以帮助用户从存储设备中恢复被删除的文件	

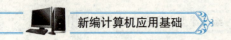

续表

使用说明	截图
"360驱动大师"可对计算机的主板、显卡、有线网卡、声卡和摄像头等硬件进行检测并安装最新版本的驱动程序	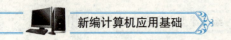

学习任务单

一、学习方法建议
预操作练习→听课（老师讲解、示范、拓展）→再操作练习→完成学习任务单

二、学习任务
1. 安装最新版360安全卫士软件　　☐
2. 安装"360免费WiFi"程序　　☐
3. 设置"360免费WiFi"程序　　☐
4. 安装并使用"360文件恢复"程序　　☐
5. 安装并使用"360驱动大师"程序　　☐

三、困惑与建议

任务六　配置家用无线路由器

一、任务导入

除了将计算机设为WiFi热点外，还可以搭建WiFi使用环境，让其覆盖指定的场合，实现无线上网，如图8-8所示。本任务学习无线网络的搭建。

当前连接到：

H3C NT
Internet 访问

拨号和 VPN ⌃

宽带连接 ▱

无线网络连接 ⌃

H3C NT　　　　已连接 ▂▃▄▅

Tenda_2BDAF8　　　　▂▃▄▅

ChinaNet-Yyqi　　　　▂▃▄▅

HFCATV_BC0B36　　　　▂▃▄▅

打开网络和共享中心

图 8-8　无线网络连接状态

二、任务实施

操作步骤见表 8-8。

表 8-8　操作步骤

步骤	说明或截图
设置计算机：根据路由器的管理或配置地址，设置计算机的 IP 地址。例如，当路由器的管理地址是 192.168.1.1 时，可将计算机的 IP 地址设置成 192.168.1.X（X 通常取 2 ～ 252 间的任何一个整数）	
连接路由器与计算机：将网线一头插入路由器的 LAN 口，另一头插入计算机网线接口，加电启动	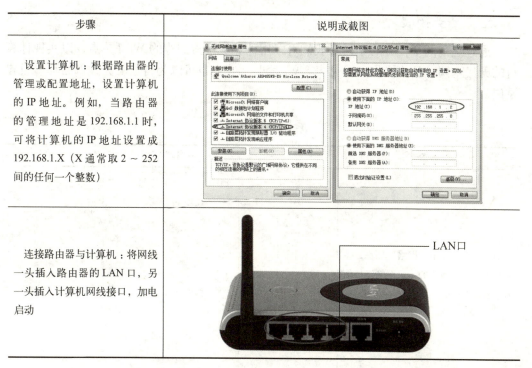

续表

步骤	说明或截图
设置路由器：打开浏览器，在地址栏中输入 http://192.168.1.1 或 http://192.168.1.253，在弹出的对话框中输入管理路由器的用户名、密码，进入"设置向导"页面。 　通常用四步完成基本设置：选择上网方式（如 PPPoE）→设置上网参数（用户名、密码）→设置 LAN 地址→设置 DHCP 服务。接着设置无线网络、重新定义 SSID、加密密码，重启路由器	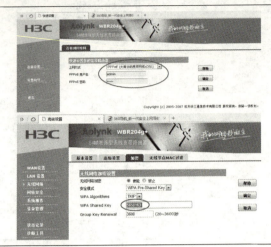
将计算机 IP 地址重新设成自动获取，将路由器的网线一头插入 WAN 口，另一头连接上一级网络端口，完成无线路由器配置	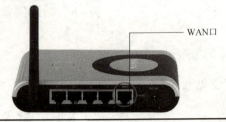

三、任务拓展

通过之前两个任务的学习，我们可以用计算机搜索周边的 WiFi 热点，以实现计算机的无线上网，具体操作步骤见表 8-9。同时，我们也可以为自己的无线网络环境设置密码。

表 8-9　操作步骤

步骤	说明或截图
单击任务栏上的"网络"图标，在其中显示可供使用的无线网络连接信号（WiFi 热点）	当前连接到： 网络　无 Internet 访问 拨号和 VPN ^ 宽带连接 无线网络连接 ^ H3C NT Tenda_2BDAF8 ChinaNet-Yyqi 打开网络和共享中心

续表

步骤	说明或截图
单击信号强度较好的一个 WiFi 热点，出现"连接"按钮，单击此按钮，通常会弹出"键入网络安全密钥"对话框	
输入正确的密钥后，即可通过无线登录 Internet	

学习任务单

一、学习方法建议
预操作练习→听课（老师讲解、示范、拓展）→再操作练习→完成学习任务单

二、学习任务	
1. 连接无线路由器与计算机	☐
2. 按路由器配置地址，设置计算机 IP 地址	☐
3. 设置无线路由器、重启	☐
4. 搜索 WiFi 热点并登录	☐

三、困惑与建议

项目九

构建个人网络空间

任务一　安装 QQ 软件及申请 QQ 账号

一、任务导入

　　QQ 是我们常用的即时通信工具之一，本任务将学习 QQ 软件的安装及 QQ 账号的申请。

　　QQ 软件的登录界面如图 9-1 所示。

图 9-1　QQ 软件的登录界面

二、任务实施

　　操作步骤见表 9-1。

表 9-1　操作步骤

步骤	说明或截图
打开 IE 浏览器，在地址栏中输入网址 http://www.qq.com，按 Enter 键，登录腾讯网首页，在此网页中下载 QQ 安装软件，进行在线安装	

步骤	说明或截图
下载完毕之后，开始安装 QQ 软件。单击"立即安装"按钮，即开始安装	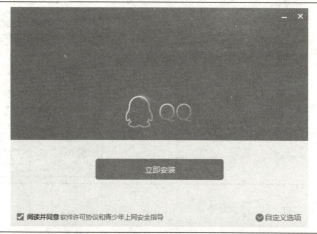
安装完成后，会弹出 QQ 的登录对话框。接下来，我们要申请一个 QQ 账号，才能正常使用 QQ 软件	
启动 QQ，在登录界面中单击"注册账号"按钮，可在腾讯公司的网页中申请免费的 QQ 账号	

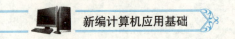

续表

步骤	说明或截图
申请 QQ 账号：填写密码等个人相关信息。申请成功后，就能得到一个腾讯公司分配的 QQ 账号。 在登录界面中使用此 QQ 账号和密码，即可进行 QQ 软件的正常使用	![QQ注册界面截图]

三、任务拓展

在自己的计算机上安装 QQ 软件，并申请一个免费 QQ 账号。使用此账号登录 QQ，认真观察该软件的界面。

〖 学习任务单 〗

一、学习方法建议
预操作练习→听课（老师讲解、示范、拓展）→再操作练习→完成学习任务单
二、学习任务
1. 登录腾讯网首页 ☐
2. 下载并安装 QQ 软件 ☐
3. 注册 QQ 账号 ☐
4. 使用新注册的账号登录 QQ ☐
三、困惑与建议

任务二　认识 QQ 会话功能

一、任务导入

登录 QQ 后，我们应如何进行会话？会话的方式都有哪些？本任务介绍 QQ 的会话功能。

二、任务实施

操作步骤见表 9-2。

表 9-2 操作步骤

步骤	说明或截图
添加好友，添加好友的方法通常有两种： 方法一：接受因特网来自对方"添加好友"的请求。单击"同意"按钮，添加此好友；单击"忽略"按钮，则不添加其为好友。 方法二：单击 QQ 面板下方的"查找"按钮，弹出"查找"对话框，输入对方 QQ 账号，单击"查找"、"添加好友"、"确定"按钮，完成添加对方为好友的请求，等待对方确认后，即可完成添加好友操作	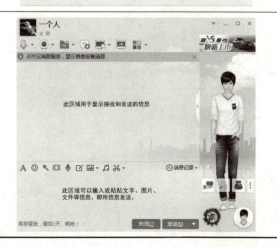
发送信息和文件：双击好友的头像，会弹出与好友交流的对话窗口。窗口上方的空白区域用于显示接收和发送的信息，窗口下方的空白区域可以输入或粘贴文字、图片、文件等信息。操作完成后，单击"发送"按钮即可将信息发送出去。 小提示：按 Ctrl+Alt+A 组合键可进行 QQ 的屏幕截图操作，非常实用	

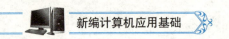

续表

步骤	说明或截图
接收信息和文件：好友向用户发来的信息会显示在交流对话框上方的空白区域，如果用户的QQ是在线的，可即时收到；如果当时不在线，那么以后登录QQ也会马上收到相关的信息及文件	
视频、语音会话：双击好友的头像，在弹出的对话窗口中单击"开始视频会话"或"开始语音会话"按钮，即可开启请求对方接受视频或语音邀请对话框。一旦对方接受邀请，即可看到对方好友摄像头所传送过来的视频信号，并能听到对方麦克风所传送过来的语音信号	

三、任务拓展

如果好友比较多，可以将这些好友进行分类编组。QQ具有很多功能，同学们可以去大胆尝试。

学习任务单

一、学习方法建议
预操作练习→听课（老师讲解、示范、拓展）→再操作练习→完成学习任务单
二、学习任务
1. 熟练添加好友　　　　　　　□   2. 熟练发送信息和文件　　　　□   3. 熟练接收信息和文件　　　　□   4. 会使用视频、语音会话　　　□
三、困惑与建议

任务三　　构建网络空间

一、任务导入

QQ 软件有很多实用功能，本任务将介绍网络存储和发布个人信息这两项较常用的功能。

二、任务实施

操作步骤见表 9-3。

表 9-3　操作步骤

步骤	说明或截图
使用网络存储：QQ 提供了"中转站"网络存储功能来存放文件，只要用户能登录 QQ，就能随时使用这些文件，非常方便。 建立网络存储的方法如下： （1）将鼠标指针指向 QQ 功能面板右下方的"打开应用管理器"图标■并单击，弹出"应用管理器"对话框，单击"中转站"图标，弹出"中转站"对话框。	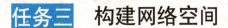 "应用管理器"对话框 "中转站"对话框

步骤	说明或截图
（2）我们可采用拖动的方式，在网络硬盘的窗口中，进行文件的存取操作；也可单击窗口中的"上传"按钮，将本地文件上传到"中转站"中。选中"中转站"中的文件后，单击其右边的"下载"按钮 ，可将文件下载到本地磁盘中。"中转站"默认的容量是2G，文件保存期限是7天，文件保存期限到时，系统会提醒并可以续存	
构建QQ网络空间的方法如下。 （1）单击QQ功能面板上的"QQ空间"按钮，打开QQ空间网页，单击页面中的"立即开通QQ空间"按钮，出现开通QQ空间新用户注册页面。 （2）对空间进行选装扮、填资料两步操作，单击"开通并进入我的QQ空间"按钮，QQ网络空间即开通。 （3）可以在QQ空间里发表日志、上传相册、写心情、开通微博等操作。 提示：QQ空间里的内容一定要健康、有益，禁止有负面的内容，否则会承担相关责任，账号可能会被查封	

三、任务拓展

打开好友的QQ空间网页并浏览，观察QQ空间网页的组成部分。

学习任务单

一、学习方法建议	
预操作练习→听课（老师讲解、示范、拓展）→再操作练习→完成学习任务单	
二、学习任务	
1．打开 QQ "中转站"	☐
2．上传文件到 QQ "中转站"	☐
3．从 QQ "中转站" 下载文件	☐
4．打开自己的 QQ 空间网页	☐
5．打开好友的 QQ 空间网页	☐
三、困惑与建议	

任务四 管理与维护网络空间（一）

一、任务导入

开通了 QQ 网络空间，我们就在 Internet 上安了一个"家"。本任务将学习如何装扮和设置 QQ 网络空间。

二、任务实施

操作步骤见表 9-4。

表 9-4 操作步骤

步骤	说明或截图
装扮 QQ 空间：单击 QQ 功能面板上的"QQ 空间"按钮★，打开 QQ 空间页面。单击"装扮"按钮👕 装扮▾，出现若干个 QQ 空间的主题模板，选择其中之一，再单击"保存"按钮，完成 QQ 空间的装扮设计	

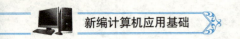

续表

步骤	说明或截图
设置QQ空间：单击QQ空间页面中的"设置"按钮 ⚙，打开QQ空间设置页面。在其中我们可以对空间名称、访问、个人中心模板、个人档（如头像）等进行设置。设置完成后单击"保存"按钮，返回QQ空间个人中心主页	

三、任务拓展

装扮和设置自己的QQ空间。

学习任务单

一、学习方法建议
预操作练习→听课（老师讲解、示范、拓展）→再操作练习→完成学习任务单
二、学习任务
1. 装扮QQ空间　　　　□ 2. 设置QQ空间　　　　□
三、困惑与建议

任务五　管理与维护网络空间（二）

一、任务导入

本任务将学习在QQ空间里发表日志和上传相册，丰富QQ空间的内容。

二、任务实施

操作步骤见表9-5。

表 9-5　操作步骤

步骤	说明或截图
发表日志： （1）在 QQ 空间里，单击页面导航栏上的"日志"按钮，进入日志页面。 （2）单击"T 写日志"按钮 ，即可使用 HTML 编辑器撰写和发表个人日志。 　在线 HTML 编辑器的用法与常用的 Word 功能类似，非常简单，很容易上手	
（3）在浏览好友日志时，如果觉得实用、很好，也可以将其转载到自己的 QQ 空间里。只要单击好友日志上方的"转载"按钮 即可	
上传相册： （1）在 QQ 空间里，单击页面导航栏上的"相册"按钮，进入相册页面。单击"上传照片"按钮 ，进入上传照片页面。	
（2）单击"选择照片"按钮 ，选择需要上传的照片文件，此时可批量向相册中添加照片。最后单击"开始上传"按钮 ，即可在空间建立相册。 　提示：刚开始时相册的容量仅为 1G，一旦超过最大容量，照片将无法添加	

三、任务拓展

请同学们尝试在 QQ 空间里发表日志，将自己的感受与好友共享。浏览或转载好友空间里的日志，上传照片。

学习任务单

一、学习方法建议

预操作练习→听课（老师讲解、示范、拓展）→再操作练习→完成学习任务单

二、学习任务

1. 在 QQ 空间里发布一篇日记 ☐
2. 从好友处转载一篇日记到自己的 QQ 空间 ☐
3. 上传图片文件到自己的 QQ 相册 ☐

三、困惑与建议

任务六　管理与维护网络空间（三）

一、任务导入

腾讯微博可以让 QQ 用户即时发布自己的个人信息，让每一个"小我"都有一个方便展示自己的舞台，本任务将学习开通腾讯微博。

二、任务实施

操作步骤见表 9-6。

表 9-6　操作步骤

步骤	说明或截图
单击 QQ 主功能面板上的"腾讯微博"按钮，进入微博开通页面，在对话框中输入微博账号、姓名，单击"立即开通"按钮即可	

续表

步骤	说明或截图
在微博开通的页面上，找到感兴趣的人，单击"收听他们，下一步"按钮，收听微博	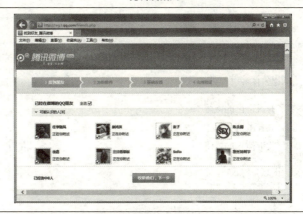
进行个人设置，主要完成微博与QQ的同步设置及隐私设置，单击"保存，下一步"按钮，完成"个人身份验证"的最终设置，并自动进入个人微博的首页	　微博的基础设置界面 个人身份验证界面

三、任务拓展

开通自己的微博。

学习任务单

一、学习方法建议
预操作练习→听课（老师讲解、示范、拓展）→再操作练习→完成学习任务单
二、学习任务
1. 开通自己的微博 　　　　　　□
2. 设置微博 　　　　　　□
3. 收听他人的微博 　　　　　　□
三、困惑与建议

任务七　认识 QQ 新功能

一、任务导入

随着 QQ 软件的不断升级更新，新功能纷纷涌现。本任务认识微云和 QQ 通讯录两项 QQ 的新功能。

二、任务实施

操作步骤见表 9-7。

表 9-7　操作步骤

步骤	说明或截图
认识微云：在 QQ2013 之前的版本中，网络硬盘中转站文件只能保存 30 天，网络硬盘收藏夹文件也只有几十兆，在 QQ2013 以后的版本中，网络硬盘收藏夹文件已升级到微云，非会员的容量达 2GB，且云存储是无限期的，这样就极大地方便了用户文件的存储及使用。 可在 QQ 的"应用管理器"中单击"微云"图标来打开微云界面	

续表

步骤	说明或截图
认识通讯录：QQ 的"通讯录"程序是 QQ 和手机之间的同步助手，可方便手机通讯录和短信的导入、导出及查询。即便是更换手机，也可通过 QQ 方便地实现一键转移通讯录。 可在 QQ 的"应用管理器"中单击"通讯录"图标来打开通讯录界面	

　　随着网络技术迅速而广泛的应用，人们生活、学习、工作的方式逐渐改变，网络也已经成为生活的一部分。本项目选择了现在流行非常广泛的一款即时通信工具 QQ 软件进行介绍，使大家能够迅速掌握利用 QQ 与其他好友进行文字、图形图像、音视频等随心所欲交流的方法；同时也介绍了管理和维护 QQ 空间及腾讯微博的开通。学习了利用多种载体将信息在 QQ 中法规合理地传播，提高了信息传播的能力。

三、任务拓展

　　通常本任务的学习，培养自己的自学能力，请尝试使用 QQ 的更多功能。

学习任务单

一、学习方法建议
预操作练习→听课（老师讲解、示范、拓展）→再操作练习→完成学习任务单
二、学习任务
1．正确使用微云　　　　　　　　□
2．正确使用通讯录　　　　　　　□
3．自主学习使用 QQ 更多的功能　□
三、困惑与建议